图书在版编目（CIP）数据

我的第一本物理启蒙书. 基础篇 / 冰河编著. -- 北京 : 中国和平出版社, 2021.6（2022.10重印）
ISBN 978-7-5137-2065-6

Ⅰ. ①我… Ⅱ. ①冰… Ⅲ. ①物理学—青少年读物 Ⅳ. ①O4-49

中国版本图书馆CIP数据核字(2021)第111628号

我的第一本物理启蒙书　基础篇

冰河　编著

责任编辑	张春杰
插图绘画	百闻文化
设计制作	张　昕
责任印务	魏国荣
出版发行	中国和平出版社（北京市海淀区花园路甲13号院7号楼10层　100088）
网　　址	www.hpbook.com　　hpbook@hpbook.com
出版人	林　云
经　　销	全国各地书店
印　　刷	天津联城印刷有限公司
开　　本	889mm×1194mm　　1/16
印　　张	9.75
字　　数	120千字
印　　量	1660001～1740000册
版　　次	2021年6月第1版　　2022年10月第26次印刷
书　　号	ISBN 978-7-5137-2065-6
定　　价	100.00元

版权所有　侵权必究
本书如有印装质量问题，请与我社发行部联系退换 010-82093832

目 录

无处不在的斜面	2	手动打字机	44
爬上爬下的梯子	4	小小指甲钳	46
开锁的秘密	6	平台秤	48
楔形工具	8	轮子的出现	50
长长的拉链	10	转动的水车	52
拧一拧螺钉	12	巨大的涡轮	54
厉害的开罐器	14	卡丁车	56
自卸式卡车	16	蒸汽火车	58
建造金字塔	18	拖拉机	60
金字塔的斜面应用	20	陀螺仪	62
弹珠跑道	22	转轮和离心力	64
斜面知识学一学	24	摩天轮	66
给大象称体重	26	工具箱里有什么？	68
各种各样的秤	28	轮轴认一认	70
第一类杠杆	30	轮轴知识学一学	72
第二类杠杆	32	长着锯齿的轮子	74
第三类杠杆	34	斜斜的齿轮	76
履带式推土机	36	电钻里的齿轮结构	78
挖掘机	38	开瓶器	80
钢琴的琴键	40	机械钟表	82
古代的抛石机	42	转动的风车	84

蜗轮和蜗杆	86
小齿轮大作用	88
发动机里的齿轮	90
只能向前的棘轮	92
汽车安全带里的齿轮	94
齿轮转一转	96
将汽车高高吊起	98
滑轮怎样工作	100
链吊车	102
滑雪缆车	104
健身器材	106
汽车起重机	108
塔式起重机	110
手扶电梯	112
帆船上的滑轮	114
阿基米德移动巨船	116
古代利用滑轮原理	118
滑轮知识学一学	120
阿基米德螺旋泵	122
绞肉机	124
水龙头	126
用力蹬的自行车	128
上下颠簸的海盗船	130
自行车与曲柄	131
勤劳的缝纫机	132
汽车悬挂系统	134
汽车减震器	136
联合收割机	138
隧道挖掘机	140
截煤机	142
树屋游乐场	144

科学，会不会让你感到冷冰冰的？那些枯燥难懂的知识点，一点儿都不好玩，你是不是都懒得理它们？这本书里，不仅有生动易懂的文字，还有一幅幅精美细腻的插图。精细的内部示意图和夸张的绘画造型巧妙地结合，使孩子们在不知不觉中就能掌握生活中的各种物理原理。

力、热、声、光、电和磁这些原理是不是很神奇，在这里会让你喜欢上它。接下来让我们一起走进《我的第一本物理启蒙书》吧。

一起来了解有趣的物理知识吧！

坡道属于斜面,可以方便轮椅上下台阶。

无处不在的斜面

一个斜坡其实就是一种简单的机械。它之所以叫斜面,是因为它是由平面倾斜成一定角度形成的,所以斜面的一端会比另一端高一些。如果你搬运重物遇到困难,不要急,你可以让斜面来帮忙,它能让你把物体沿着斜坡渐渐地向上推,直到你想要的高度。这样,我们就会节省很多力气。

螺丝钉也应用到了斜面。让我们仔细观察它上面小小的螺纹。

把物体沿着**斜坡**逐渐向上推,比举起物体要省很多力气。

建筑工地里有好多地方都利用了**斜面**，例如用木板搭成的方便运送建筑材料的坡道，还有供人上下的木梯。

为什么上山的公路都是弯弯曲曲的？

坡度越小，上坡就越省力，但是所走的路线就会拉长。这就是为什么上山的公路是蜿蜒曲折的，而不是直线到达山顶的原因。汽车上坡时会加剧能量的消耗，如果坡度变小则可以减少能量的消耗，这样也利于汽车的安全驾驶。在楼房里，人们一般都建造带有一定坡度的楼梯而不是直梯，也是同样的道理。

爬上爬下的梯子

负责搭建屋顶框架的工人们就要开始工作了。看！屋顶的框架都是由木头制成的。工人们将木条固定在砌好的墙壁上，在脚手架上爬上爬下。脚手架上斜搭着梯子，它虽然不像斜面那样明显，但也用到了斜面原理，能起到省力的作用，让攀爬变得更容易。而梯子越长，坡度越小，攀爬起来就越轻松。

房屋的屋脊造得高，屋顶的斜面就较大，这样一来，夏天可以减小烈日照射的面积，不会使热气过多地传入室内；另一方面，屋脊斜面坡度大，有利于雨水沿屋顶往下流，并减弱雨水对屋顶的冲击力。

梯子也是一种斜面。它和楼梯一样，可以爬上爬下。

小朋友玩的**滑梯**也应用了斜面。

屋顶框架： 框架是由一根根的木条组合而成的，木条间通常都是用钉子固定。

脚手架： 脚手架中会搭上木板，这样工人们就可以在上面行走了。

开锁的秘密

斜面在生活中随处可见，比如弹簧锁和钥匙。当我们把钥匙插入锁孔时，钥匙的齿边就好像楔子，会顶起锁芯内的销子。随着钥匙的转动，弹簧锁会被打开。钥匙使用后可以拔出来，锁里的弹簧将销子又顶回到原来的位置，锁就又被锁上了。

钥匙的齿边是小小的斜面，它们把锁芯内部的销子顶起，锁就打开了。

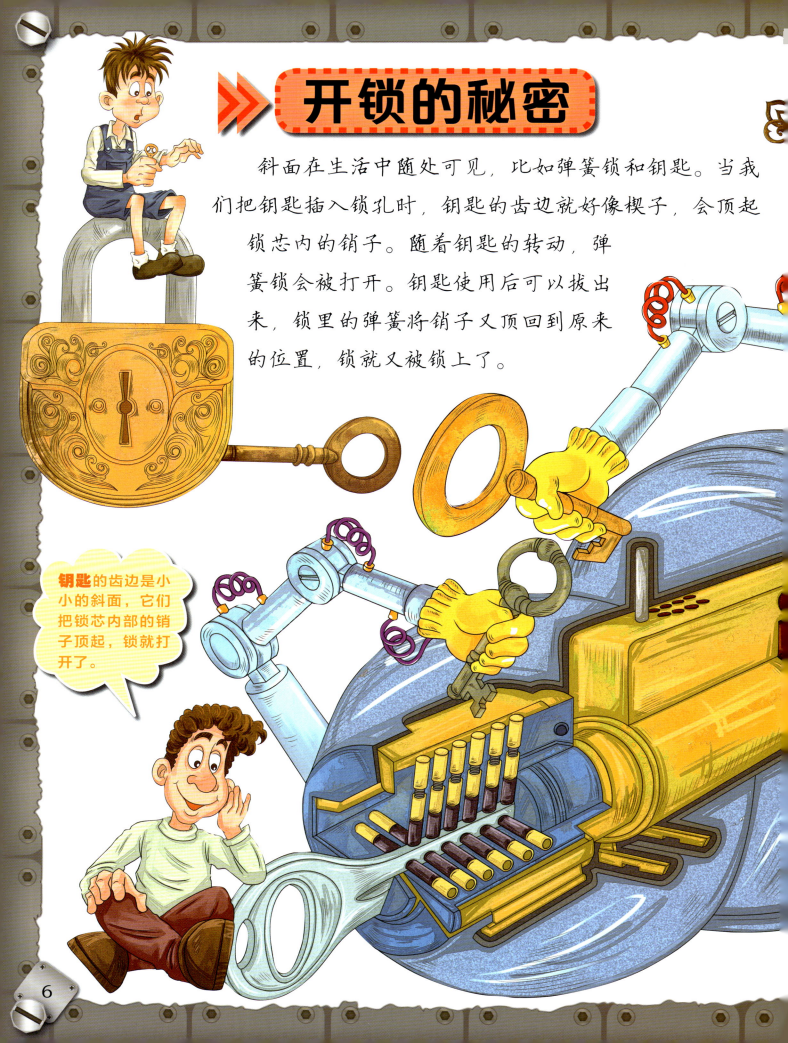

图中有两块**金属**块,类似于**简单弹簧锁**的锁芯结构,有5个**销子**把它们结合在一起。

为了将两块**金属**分开,我们可以根据斜面的原理嵌入一个普通**楔子**,楔子可以轻而易举地将销子抬高,但是各个销子顶起的距离不等,金属块仍然不能分开。

在**楔子**上设计出5个**齿**,每个齿都对应一个**销子**,将销子抬高,使断面排成一列,金属块自然就分开了。这个楔子就是对应简单弹簧锁结构的"钥匙"。

弹簧锁开锁原理

凸轮　弹簧　锁舌　销子　柱芯　钥匙　转动后的钥匙　锁舌拉回

当门关闭时,弹簧把锁舌压入门框里,插入钥匙,顶起锁芯内的销子,锁芯松开。

转动钥匙,柱芯随之转动,锁舌被拉回,钥匙松开时,弹簧推出锁舌,锁芯回复原位,钥匙便能抽出了。

楔形工具

几乎所有的切、削、剪等工具，都是楔子的形状，楔子也是斜面的一种形式，也利用了斜面的原理。楔形的刀具可以把向前的运动，转变为侧向运动，即与刀刃垂直的劈开运动。

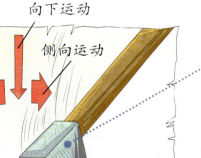

斧头就是装在长柄上的楔，长距离向下运动可以产生强大的侧向作用力，因此可以把木头劈开。

电动刮胡刀有一个细密的金属网，当它在皮肤上滑动时，胡须便会穿进网上的小孔之中，使金属网固定住胡须，这样网里的刀片就可以把胡须割断了。

剪刀的每片刀身在杠杆原理的作用下,锋利的剪刀刀刃形成两个楔,从相对方向剪入布料,两片刀刃相接触,使布料剪开。

齿形刀刃

侧向运动

电动剃毛刀的刀片是两片齿形刀,刀片相互来回运动,刀齿之间缝隙重合时,毛发嵌入空隙中;刀齿之间相互交错时,毛发就被剪断了。

2016年世界9小时剪羊毛比赛中Matt Smith一共剪了731只绵羊毛,成功打破原有的世界纪录。

> **拉链**利用斜面的原理，可以使两排链齿结合或分离。

长长的拉链

19世纪中期，美国非常流行穿长筒靴，有的长筒靴上面有铁钩式纽扣多达20几个，穿脱很不方便。不过，这种铁纽扣就是拉链的雏形。后来，人们把它不断改进，但都不理想。直到19世纪90年代，一个美国工程师才想出了好办法。用一个滑动装置，利用斜面原理来嵌合和分开两排扣子。这已经非常接近现在的拉链了。

> **拉链的滑扣**由几个楔组成，拉动时，它可以把原本很小的作用力变成很大的力，从而使拉链打开或闭合。

> **20世纪初**，一个瑞典人改进了一种金属"拉链"。它的每一个齿都是小金属钩，并与旁边相对布带子上的一个小齿下面的孔眼匹配，巧妙的滑动器能把它们拉开。

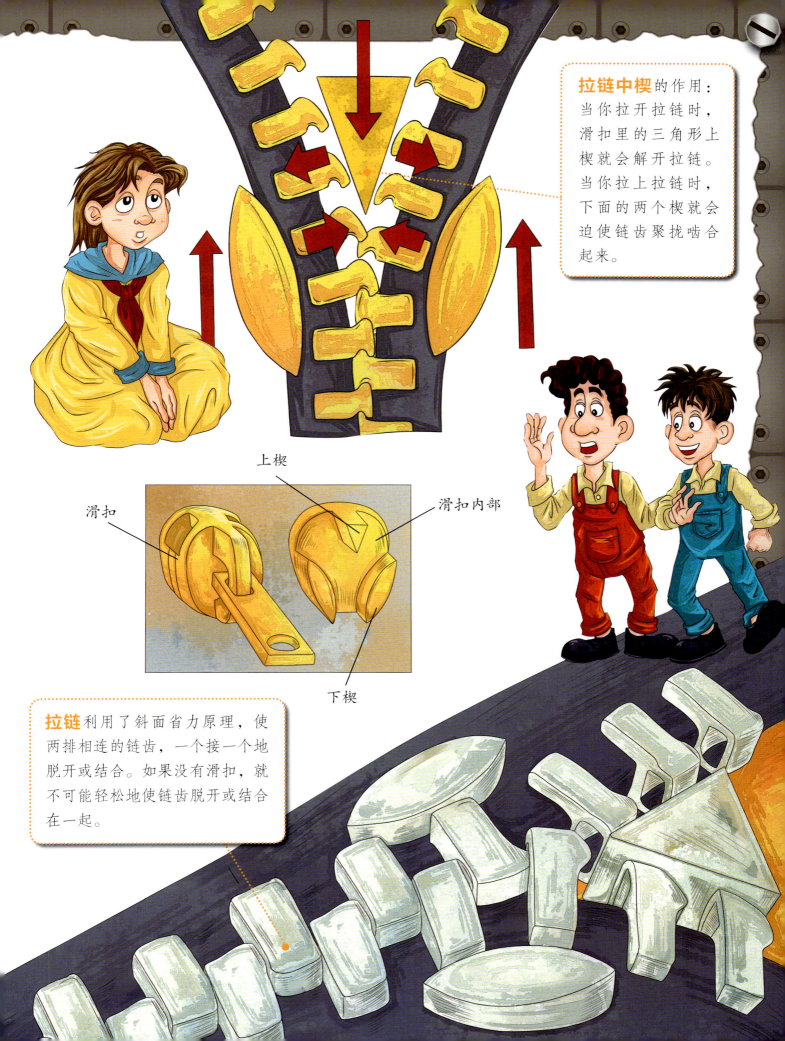

螺钉同样应用到了斜面原理，螺钉的螺旋结构是经过改头换面的斜面，它其实是将斜面环绕在圆柱体上了。

拧一拧螺钉

螺钉虽然看起来很不起眼，但它可是由两部分组成的简单机械：一部分是由螺纹缠绕的圆柱体，是螺钉的主体；另一部分是带有凹槽的钉帽。钉帽上的凹槽能让螺丝刀等工具在使用时不容易打滑。而螺纹起到的作用和斜面一样，这种斜面设计意味着拧进螺钉需要花费更长的时间，但是可以使用更少的力气。

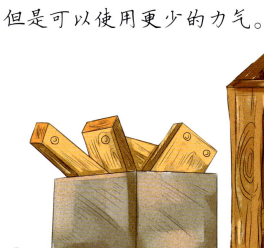

圆圆的螺栓

与螺钉不同的是，螺栓的尾部不是尖尖的，而是圆平的。然而螺栓不能单独使用，它需要和螺母搭配在一起。螺母通常是六边形的环状物，可以拧到螺栓上。

螺丝刀是用来拧螺钉的工具。它的扁平头恰好和螺钉的凹槽相吻合。转动螺丝刀可以产生扭转力矩。螺丝刀转动好几圈，才能让螺钉前进一小段距离，但这样不会花费太大力气。

电钻的钻头就是一个螺钉。

厉害的开罐器

罐头食品方便又好吃，但是开罐头却十分麻烦，所以久而久之人们就发明了开罐器来开罐头。铁皮罐头是1810年由英国人彼得·杜兰德发明的，由于当时冶金和材料技术的落后，罐头的罐壁比较厚，重量也很重，通常要用小刀或凿刀来开启。到了1870年，美国人威廉·李曼发明了有轮子的开罐器。这种开罐器有一把锋利的刀轮，通过旁边齿轮的转动，刀轮利用斜面原理，就能轻松切开罐头盖。

开罐器早在1858年就被发明，但这种长得像牛头刀的开罐器，会把罐头盖切得参差不齐，也不够方便。

神奇的开罐器

开罐器还有两个齿轮，一个齿轮在另一个之上组成正齿轮，可以传递来自把手的转动力。

开罐器上有一把锋利的刀轮，能够切入罐头盖。当一个齿轮贴合在罐头盖凸起的边上时，你只要一转动罐头，刀轮就会切入到盖子里面。

开罐器还有两个齿轮，其中一个齿轮在另一个齿轮之上，它们组成一对正齿轮，来传递把手的力。只要你给把手施加力，就会推动正齿轮带动主齿轮转动，刀轮就会匀速切割移动，毫不费力。

锋利的刀轮

上嵌齿

下嵌齿

自卸式卡车

自卸式卡车体型庞大，可以装载特别多的重物，还可以自动测量负载的重量。但是，这么多重物怎么卸下去呢？哦！原来它用了斜面原理。驾驶员在驾驶室里只需轻轻一按按钮，卡车的翻斗车厢就会被高高地抬起，然后翻斗车厢形成了一个斜面，满满一车的重物就可以倾倒而出。

自卸式卡车也应用到了杠杆原理来抬升物体。

自卸式卡车的翻斗车厢下面，有个液压装置。只要司机一按按钮，就会把两个支杆高高抬起。翻斗车厢就形成了斜面，装载的重物便可以顺利被倾倒在需要的地方。

满载的**车厢**只需要十几秒的时间就能完全抬升起来，降回水平位置也只需要十几秒。

最大的卡车

T282B型自卸卡车是利勃海尔公司（LIEBHERR）在2004年推出的大型矿用自卸卡车，载重量为363吨，采用交流电传动系统，是目前世界上最大的矿用卡车。

自卸式卡车车身的形状使倾卸、装载工作变得更容易。

这种卡车有着大大的**轮胎**，深深的轮胎花纹使它的抓地力变大，车身更稳定。

加固的驾驶室： 驾驶员在装有空调的驾驶室里简单操作，自卸式卡车就能完成繁重的工作。

自卸式卡车发动机功率非常强大。

建造金字塔

你们知道古埃及人是怎么建造金字塔的吗？其实他们当初就是利用了斜面的原理。最大的金字塔位于埃及首都开罗附近一座叫作"吉萨"的城市。据说，当时有成千上万的人参与了它的建造。

金字塔的建筑材料大部分是石灰石，还有少量花岗岩。

工匠们为金字塔铺建基座。基座要求绝对平坦，将石头凿成合适的形状，使它们紧密拼合。

许多大块的花岗岩和石灰岩从采石场运往河边。

物料被装上货船，沿着尼罗河一路驶到吉萨；然后再经由一个码头坡道被运下船。

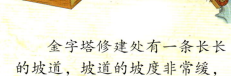

金字塔修建处有一条长长的坡道，坡道的坡度非常缓，可以一直通到金字塔顶端。

随着金字塔搭建得越来越高，坡道也越修越高，这样就可以让石块和灰土一点儿一点儿地运上去。

吉萨大金字塔

吉萨大金字塔建造时的高度有147米左右，占地面积大约5公顷，相当于欧洲最大的四个教堂占地面积的总和。它的塔身约由250万块石块砌成，平均每个石块重约3吨。迄今为止，它仍然是世界上最大的石质建筑。

大走廊 — 国王室
— 王后室
入口 — 地下墓室

建造**金字塔**时，金字塔内部的墓室和通道也在同时施工。

建造者搭好石块作为这些墓室和通道的房顶，这样才能支撑起金字塔上部的巨大重量。

金字塔的斜面应用

环绕金字塔塔身的斜坡就像一条螺旋上升的盘山路。斜坡上有一条轨道，用来拉石块。斜坡是由碎石组成的，紧贴着塔身，外侧是一道墙，起到固定的作用。

建造金字塔时很多工序都用到了斜面和杠杆的原理。

建造**光滑的外墙**需要质地较好的白色石灰岩。

斜坡由碎石构成，起到固定作用。

斜坡

在轨道上洒水

拉动石块

工匠站在脚手架上,用凿子削去石块表层的棱角,石块被打磨平整,使金字塔的表面光滑。

还有一些人在**轨道**上洒一些水,尽量减少摩擦力,这样也能省一些力气。

金字塔即将竣工时,工人们会把顶端最后一块石头——冠石(也被称作金字塔小锥)放上去。这是一块用花岗岩雕刻的特殊石块,在举行完祈祷仪式后运到金字塔的塔顶。

最后金字塔或被刷成红色,而它的冠石会被贴上一层金箔。

工人们要想把**沉重的石块**沿着斜坡拉上去也绝非易事。在转弯时,他们会用杠杆撬动石块,让石块改变方向。

弹珠跑道

小伙伴们应该都玩过弹珠的游戏。最常见的就是每人拿一颗弹珠，弹来弹去。动手能力强的小朋友可以设置一些障碍和轨道，制作成一个简易的立体弹珠跑道。看！这是用很多斜面和轨道搭建的一台非常有趣的游戏机械，我们把它命名为"超级弹珠跑道"。

超级弹珠跑道 设计得特别巧妙。它将很多斜面组合在了一起。只要将弹珠放在顶点或自动升到顶点后，它就会沿着一个接一个的斜面滑到下面去。

像**跷跷板**一样的升降斜面，使弹珠随机上下传送。

有一定倾斜角度的**U形弯道**，弹珠在这里速度变缓。

斜面知识学一学

前面知道了很多斜面的应用。现在要考考你哦！当你沿着斜面推一个重物的时候，会有两种力起作用，一种是物体本身向下的重力，另一种是你向上推重物时用的作用力。如果你想把推重物的作用力减少一半，那么承受重力的距离会怎样变化？

斜面可以让你用很少的力将重物推到高处，不过你承受重力的距离就要变长了。

如果你想把**作用力**减少一半，你承受的力的距离就会变成原来的两倍。

如果你想把**作用力**减少到原来的三分之一，那么你承受重力的距离就会变成原来的三倍。

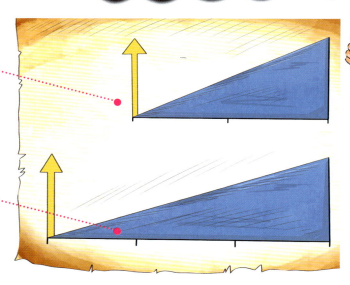

如果你想把一箱工具运到山坡上，山坡很陡，想一想，有什么好办法？只要你推箱子时，按照Z字形的线路，一路把工具箱推上山，虽然路线变长了，但这样省力多了。

省力的Z字形路线

要从低处走到高处，走**很陡的线路**就会很费力。走坡度不大的线路，如**Z字形路线**会更省力，但距离会更长。

给大象称体重

如果只有一根长长的粗木桩和一块圆石，如何给大象称体重呢？设想一下我们可以将粗木桩放在圆石上，并让粗木桩两端保持平衡。请大人们来帮忙，让大人们坐在粗木桩的一端，然后再让大象坐在另一端。当粗木桩到达水平位置时，大人们的重量就相当于大象的重量了。由圆石和粗木桩组合成的简单机械就是杠杆。

杠杆，其实就是一根能在支点上翘起来的"硬棍"。杠杆由力臂和支点组成，支点用来支撑力臂，可以放在力臂下方任何一点。

称大象的"杠杆"实际上属于第一类杠杆，这种类型的杠杆支点位于作用力和负载之间。

大象作为负载

粗木桩作为力臂

圆石作为支点

如果圆石不放在中心，而是靠近大象那一端，等大象坐稳后，只需要少数人坐在另一端就可以维持平衡了。

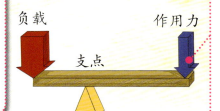

支点在中间时，大象和人离支点的距离相同，在这种情况下**负载**与作用力相等，杠杆平衡。

人离支点的距离是大象离支点的距离的**两倍**，作用力移到负载的两倍远，所以要达到平衡大小只需负载的**一半**。

大人们来产生作用力

刻度盘　秤盘　中心轴

天平上被称的物体和砝码离支点的距离相同。

各种各样的秤

天平也是秤的一种，最早是由法国数学家罗贝瓦勒在1669年发明出来的。天平属于第一类杠杆，因为两个秤盘的中心离转轴中心的距离是相同的，所以当一个秤盘上的重量和另一个秤盘上的重量相等时就能达到平衡了。

天平是用来称物体重量的工具，被称的物体称为负载，砝码就是作用力。当它们相等时，就可以得出所称物体的重量了。

浴室秤

当你踏上浴室秤的踏板时，浴室秤的内部杠杆结构把秤上的微小动作放大，让刻度盘充分转动，最终当它停下时，所指的刻度就是你的体重。踏板下有一个强力主弹簧，主弹簧连接着一个曲柄，这个曲柄结构就属于第一类杠杆。

咔嚓咔嚓的剪刀属于第一类杠杆吗？

第一类杠杆

在日常生活中应用到杠杆原理的工具简直是数不胜数。例如常见的有杆秤、跷跷板、钳子、剪刀等都属于第一类杠杆。接下来我们就一一细说吧。

第一类杠杆的支点位于作用力和负载之间。

由圆筒和木板组成的跷跷板，它的支点在中间。

负载　支点　作用力

杆秤的支点偏在一边，秤砣沿着秤杆移动，直到与物体平衡就可以称出来重量了。

负载　支点　秤砣　作用力

负载　支点　作用力

钳子依靠两个手柄同时用力，来压碎或者钳住物体。

负载　支点　作用力

剪刀属于第一类杠杆，它在最靠近铰链处产生强大的剪切作用。

第二类杠杆

用来运送物品的独轮手推车，以轮子为支点，使人可以抬起并搬走重物。它属于第二类杠杆，和第一类杠杆有所区别。除了独轮手推车之外，开瓶器和核桃夹也同样属于第二类杠杆。

负载　作用力　支点

独轮手推车用很小的作用力抬起把手，就可以把一个接近轮子的重物抬起来。

第二类杠杆的支点在杆的一端，作用力则施加在另一端，负载则位于作用力和支点之间。

看看他们推手推车时谁更省力？

通过手提起把手，施加了作用力。

轮子起到支点的作用。

连接轮子和把手的装置形成了杠杆。

第二类杠杆会放大作用力，但移动距离相对减小。

利用**第二类杠杆**的时候，作用力离支点一定比负载离支点远，负载移动的距离比作用力移动的距离小，只需要较小的作用力就可以抬起较大的负载。

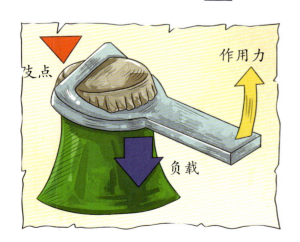

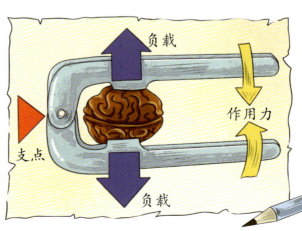

开瓶器向上提起把手，就可以克服瓶盖的阻力，轻松地将瓶盖打开。

核桃夹可以轻松地捏碎核桃的表皮，只需要轻轻捂住两个把手稍一用力就行。

33

第三类杠杆

钓鱼竿、锤子、镊子同样应用到了杠杆原理，但它们属于第三类杠杆。第三类杠杆的支点也在杠杆的一端，只不过它的负载和作用力位置对调了。

第三类杠杆可以放大移动的距离，减少力的作用。

钓鱼的时候，鱼是负载，钓鱼者握着鱼竿的手产生作用力，而**钓鱼竿**末端的手柄就是支点。

用锤子来钉钉子时，手腕就相当于支点，负载则是木头所产生的阻力。锤头的部分下落的速度比手快，这样就可以将钉子轻易敲入木头里面了。

镊子是复合型第三类杠杆，手指的轻微动作使镊子的尖端产生长距离的移动，夹紧细小的东西。

看上去细细的**钓鱼竿**其实十分结实坚固！

履带式推土机

推土机的什么结构应用到了杠杆原理？

力大无比的履带式推土机可以将建筑工地的地面清理得平平整整，还可以用来推铲土石、填充洞坑以及采掘矿物，等等。它有两条宽宽的履带，可以在各种崎岖不平的路面稳稳地行驶。它还有一个锋利坚硬的钢制铲刀，铲刀推铲物体时就应用到了杠杆原理。

履带式推土机的主要工作装置由推土铲刀、支撑臂、支撑板、连杆结构及液压系统组成。

用来推土的**推土铲刀**在支撑臂的杠杆作用下提升或下降。支撑臂的升降和铲刀的转动都需要液压系统来操作。

连杆结构

支撑臂

液压系统

履带式推土机附着、牵引力大,爬坡能力强,因为履带有良好的抓地力。

驾驶室

轮胎式推土机

轮胎式推土机具有行驶速度高、工作循环时间短、运输转移不会损坏路面、机动性好等优点,适用于城市里的施工。

支撑臂属于第三类杠杆,它在液压系统的作用下升降时,连杆结构可以使推土铲刀保持平稳。

固定的支撑腿

带齿的驱动链轮

支撑板

履带是由柔性金属板带连接在一起的,由带齿的链轮带动。

挖掘机

> **挖掘机**的动臂可以连接多种不同的铲斗。

挖掘机的个头非常大，而且力大无比。挖掘机可以清除土壤砂石，人们经常用它来挖掘隧道、修建马路。挖掘机主要由液压装载动臂、斗杆、铲斗、液压油缸组合而成，安装在履带上。动臂由液压活塞驱动，可以把铲斗放在任何位置上。挖掘机上应用了多种独立杠杆组成的复合杠杆系统，可以获得很大的动力进行施工作业。

> **液压装载动臂**是挖掘机的主要力臂，属于第三类杠杆，用来提高或降低斗杆。

斗杆属于第一类杠杆，用来上下移动铲斗。

> **铲斗**本身属于第一类杠杆，它以转轴为支点来回摆动，可以挖掘和倾倒负重。

最大的挖掘机

目前世界上最大的挖掘机是德国的一家公司制造的，它有90多米高，200多米长，占地面积约为2.5个足球场，重量达4.5万吨。

挖掘机的驾驶室在转盘之上,这样可以从一侧转向另一侧。

动臂 斗杆 转盘 铲斗 履带

金属履带虽然使行进速度变慢,但可以应付更加繁重的工作。

强大的发动机

挖掘机的**履带**可以牢牢抓住地面。挖掘机转弯的时候,只有一侧的履带行走,另一侧的履带只作旋转运动。

39

钢琴的琴键

钢琴是一种键盘乐器，它的内部装有许多钢丝弦和包有绒毡的木制音锤，一按键盘就能带动音锤敲打钢丝弦而发出声音。钢琴的每一个键都连接着一个复杂的杠杆系统。钢琴的杠杆系统很灵敏，这可以使钢琴家迅速弹奏时产生更为宽阔的音量范围。

钢琴由88个琴键(52个白键，36个黑键)和金属弦音板组成。

钢琴连动装置能放大移动量，使音锤移动距离比指尖的移动距离大。

连动装置的作用：琴键抬起连接杆，使支撑臂向上压在音锤滚柱上，并举起音锤的杠杆。琴键同时抬起制音器，音锤在敲击钢丝弦后，就立即落回原处，使钢琴发出声音。放开琴键时，制音器回到钢丝上，切断声音。

按下琴键　　放开琴键

重复的音符：音锤敲击钢丝弦后落回原处，如果琴键不松开，音锤的落下动作就被校音器和复奏杆所阻挡，使它保持在该位置上，当琴键随即按下时，能立即敲击钢丝弦。

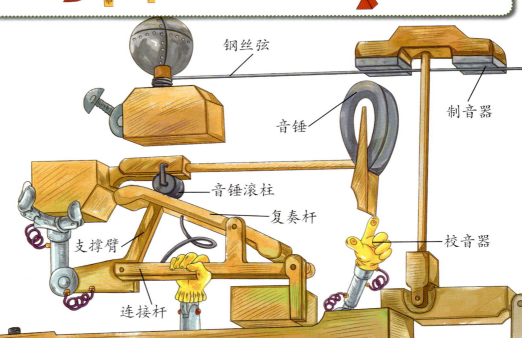

钢丝弦　制音器　音锤　音锤滚柱　复奏杆　校音器　支撑臂　连接杆　琴键

古代的抛石机

> **抛石机**是古代战争中一个重要的攻城武器。

古代在发生战争时,一方常常会攻打到另一方的城墙之下。由于城墙非常坚固,久攻不破,往往会损失很多士兵。于是古代军事家便发明了抛石机这种武器。抛石机利用了杠杆原理,它由一个木质架子构成,上面安装投石环索,能将巨大的石块投向城墙,然后砸出一个裂口,士兵乘机就可冲进城,取得战斗的胜利。

> **投石环索**一般用皮革制成,非常结实,与悬臂紧紧相连,是装载石块的地方。

> **抛石机**属于第三类杠杆,士兵通过绞盘把悬臂拉下,然后在投石环索里放上石块,再通过瞬间松开绞盘,利用另一端重物的重力来驱动悬臂,从而让石块飞出。

巨大的石块 快速飞向城墙，能打死守城的士兵，摧毁城墙里面的木质建筑，以及破坏城墙。

唐代抛石机

抛石机是运用杠杆原理制造的。唐代兵书记载：抛石机通身用木料制成，炮架上方横置一个可以转动的轴，固定在轴上的长杆称为"梢"，起杠杆作用。只有一根木杆的称为"单梢"，设多根木杆的叫"多梢"，梢越多，可以抛射的石弹就越重、越远。

抛石机 使用的是石头制做的炮弹，后来还出现过一些毒烟弹、毒药弹、烟幕弹，以及燃烧弹等，这些炮弹不必像石弹那样靠重力去击毁敌人，而是利用毒气、毒药、烟火的作用熏杀敌人。

43

手动打字机

手动打字机也有一套复杂的杠杆系统。打字员把手指按在打字键上，这个小小的动作转变成长距离的运动，杠杆结构使字臂杆抬起，字臂杆端部字头上的字母就可以打印到纸上了。

手动打字机的打字键是按照"QWERTY"顺序排列的，它的键盘排列顺序对后来计算机键盘的发明有很大启发。

字符盘里的字头有26个英文字母和一些符号，都是金属铸成的反字，像印章一样。

字臂杆集中成半圆形，使每一根字臂杆都能精确地打印在纸上，节约了运动空间，同时增大打击力。

纸

机架

杠杆结构

字臂杆

打字键

装有色带的结构
压纸滚轴

打字时，字头抬起，打印在**色带**和纸上，纸张随着**机架**向左移动。当机架移动到最左端时，可以通过手动换行。

按下**移位键**，可以降低字臂杆，使大写的字母打在色带和纸上。

字母有大写、小写　　字臂杆

打字键和字臂杆之间至少有5根杠杆。

字臂杆

小小指甲钳

生活中的小物件里面其实蕴含了大智慧。试想如果没有指甲钳的话，当指甲长长了，就会成为问题。我们只知道使用它的方便，那么它应用到了什么科学原理呢？

指甲钳主要用到的科学原理也是杠杆原理，它结合了两种杠杆。

指甲钳的刀片形成第三类杠杆，刀刃轻轻一剪，就克服了剪切指甲时指甲产生的阻力。

手把的支点

刀刃

刀片

指甲钳的手把是第二类杠杆，它使两片刀片紧紧压在一起。

使用指甲钳时，按压手把，手把距离**支点**比刀口远，所以比较省力。

指甲钳下面两个结构所形成的杠杆，支点在尾端，它的作用是构成了整个指甲钳的**支撑**，起到的是"骨架"的作用。

手把的支点

手把

刀片支点

刀片

手把

刀片支点

平台秤的各种杠杆经过组合，逐渐放大了移动的距离。

平台秤

平台秤利用杠杆原理工作。一个小小的砝码就可以称很重的物体。它主要利用第三类杠杆和第一类杠杆组合来称重物。长杠杆和短杠杆并列连接，一个杠杆上的负载会变成使下一个杠杆运动的作用力。

被称的物体放在**秤台**上，秤台向下移动。

原始人搬运东西的时候真的好累啊!

轮子的出现

车轮的大小虽然不同,但车轮圆圆的,几乎都是一个形状。有了它,我们搬运东西就方便多了。但是,在很久很久以前,轮子还没有被发明出来,搬运重物可是一件很辛苦的事,它需要很多人使劲地拽着、拖着或推着才能前进。后来,有人想出了一个省劲儿的好办法,这样,人们搬运重物时可就轻松多了。下面,就让我们了解一下吧。

想出的这个好办法就是把重物放在木板上,再在木板下放几根**圆滚滚的树干,**这样,搬运东西就轻松多啦!这个简单的滚轮,其实就是人们最早使用的车轮。

车轮省力的秘密

多亏车轮的帮忙,人们才能把推拉不动的东西顺利地运走!原来,重物被推或拉着向前移动时,会和地面产生一种力,这种力叫作摩擦力。摩擦力会阻碍重物的移动。而用轮子制成"小货车",轮子是可以减少摩擦力的,这样移动重物就快多啦!

后来,有人把树干截短,制成了各式各样的**车轮**。这样,在不平坦的路上也会跑得更快、更稳了。

再后来,人们用一根圆木棍当**轴**,把两个车轮连接起来,制成了最早的"货车",这样,就可以搬运更多的东西了。

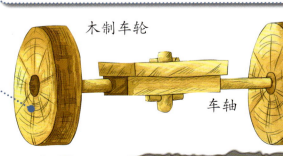

木制车轮

车轴

51

转动的水车

我们介绍完轮轴出现的历史，再来讲讲轮子和轴做成的各种各样的机械吧。很早以前，人们就将轮轴用于水车。咕噜噜转动的水车可是个大块头。它是以水流作为动力的机械，不仅可以带动石磨磨制粮食，还可以利用外圈挂着篮子的大轮子，将水从河里提上来灌溉农田。

水车的大轮子转啊转，带动磨盘来磨面。

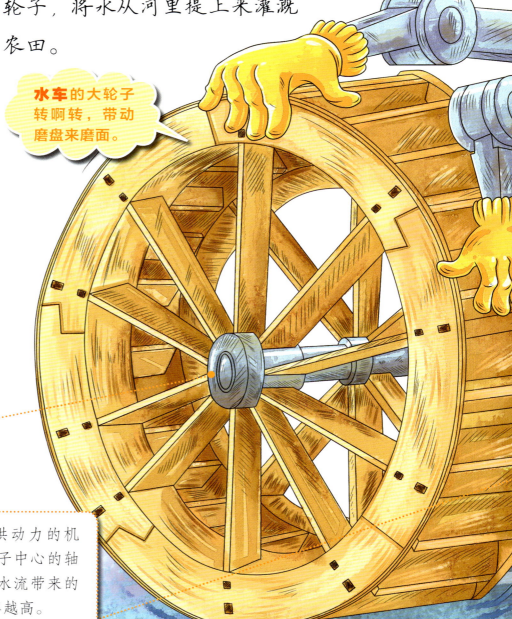

很久以前的古希腊，人们制造了世界上**最早的水车**。最开始，水车的水轮平放着转动，像一个磨面的磨盘。后来经过改进，它的水轮被竖立起来，这样竖立的水轮可以做成更大的尺寸，就可以产生更大的动力来工作了。

轮轴是由轮子和一根同心轴构成的，这两部分会以相同的速度转动，轮子转动带动水车运转，需要的力气会很小。

水车是靠流动的水来提供动力的机械，水推动轮子转动，轮子中心的轴也跟着转动，轮子越大，水流带来的动力越大，水车的工作效率越高。

轴提供了动力，带动了水车内部齿轮的转动，从而带动里面的机械设备。

风车王国

濒临大西洋的荷兰，是个风车的王国。这里盛行的西风给风车提供了源源不断的动力。早在几百年以前，荷兰就有上万台风车。人们利用风车给世界各地加工原料，把圆木锯成木板，加工纸张，榨取亚麻籽等。荷兰地势低洼，人们就靠风车抽水，围海造陆地，变沧海为桑田。

水车轮转动带动了轴的转动。

巨大的涡轮

你知道水流可以产生巨大的力量吗？人们在河上兴建水坝，建造水利发电站，利用河水的水流压力来发电。水电站里有个高效的水利涡轮机，它是根据水车的原理仿制而来！涡轮机有个强大的本领，它能引导水流高速率地冲向涡轮叶片，利用水流产生的能量来发电。

水力发电站是利用水位高度差产生水流动能进行发电的发电站。

涡轮机的转轴

导向叶片

涡轮叶片

出水口

水流通过压力管道流出，使巨大的涡轮叶片旋转起来，带动转轴一起转动，转轴是和发电机连接在一起的，这样发电机就被推动开始发电了。

水坝可以在河的上游拦截水流，拦住的水储存在人工湖里。水会对水坝产生巨大的压力，同时也可以带来巨大的能量。

发电机

涡轮机

水坝

闸门

进水口

压力管道

水力发电站利用水坝，通过河水的落差，形成巨大的水流，再通过调节水流的流量，将它输向涡轮机，经涡轮机与发电机的运转，将水能转换为电能，再经过变压器、输电线路将电输向千家万户。

弗朗西斯涡轮

弗朗西斯涡轮可以使水以最大的力量冲向涡轮叶片。水流水平地绕着涡轮，呈螺旋形向下流出，导向叶片引导水流以高速率冲向涡轮叶片，使水的能量很快释放，最终从涡轮中心流出。

卡丁车

卡丁车操作简便,但开动前一定要戴上防护头盔和手套,之后只需左脚踩刹车,右脚踩油门就能驰骋赛场了。

卡丁车的个头不大,结构也很简单。一个车架,一台发动机,四个车轮,加上转向系统、油箱、座位等等,便构成了卡丁车的全部。卡丁车的方向盘与一根轴(驾驶杆)相连,正如所有轮轴机械那样,驾驶者用方向盘(轮)可以毫不费力地转动驾驶杆(轴),来控制卡丁车的方向。

转动方向盘,带动驾驶杆的转动,来控制着前轮,控制着卡丁车的方向。方向盘越大,操控驾驶杆就越容易。

钢管式车架

车手座位

独立车轮

汽车上的方向盘

　　汽车司机手握的方向盘可以控制汽车的方向。方向盘向哪个方向转，车就向哪个方向转。方向盘正是应用了轮轴的原理。方向盘与一个轴连接，而轴又与汽车车轮连在一起，这样，当司机转动方向盘时，就可以改变车轮的方向了。

卡丁车底盘很低，所以它的跑道需要光滑平整，一旦滑出跑道，卡丁车会自动熄火停止前进，不会翻车，保障了车手的安全。

蒸汽火车

"呜——呜——",蒸汽火车开过来啦!它穿着绿色的外衣,拖着长长的车厢。它不用电,而是烧煤,用蒸汽做动力。它行驶起来,头上的烟囱会冒出浓浓的烟,发出轰隆隆的声音。蒸汽火车的车头有大大小小的轮子,这些轮子与曲柄相连。火车的蒸汽推动着活塞做往复运动,活塞的运动带动着曲柄和曲柄之间的连杆,这样,火车就可以滚滚向前了。

蒸汽火车的大烟囱会将锅炉里的废气排出。

蒸汽火车是通过煤的燃烧产生蒸汽,然后以蒸汽为动力的火车。

拖拉机

拖拉机使用柴油发动机。柴油发动机有故障低、经济性能好等特点。

发动机产生的动力由传动系统传递给驱动轮，使拖拉机行驶。常见的都是以橡胶皮带作为动力传送装置。

轮式拖拉机分为后轮驱动和四轮驱动。四轮驱动的拖拉机马力一般比较大，有更好的牵引性能。

秋天的农田里，突突突、突突突的声音传过来，拖拉机启动了。农民们把收割完的稻子放在拖拉机的车斗上，要运到农场的院子里晾晒。看看这个拖拉机，好大的车轮呀。两对大车轮由结实的轴连在一起。要操控这个大车轮并不难，因为连接着轴的操纵杆带有助力装置，驾驶员通过手中的方向盘就可以轻松操作了。

拖拉机的前轮是**导向轮**，用来引导方向。而且，因为前轮较小，在田地里行进时遇到的阻力也小一些。

拖拉机的**驾驶室**较小，所以它的车轮在车身的外面。

拖拉机的车轮有大有小，行驶时，大车轮总是要比小车轮转得慢，但是大车轮的动力比较大。

用途多多的拖拉机

到了农耕的时候，农民们给拖拉机套上大大的犁，开始耕地啦！犁可以不断地翻转土块、挖垦农田，将杂草等统统埋到土里。犁完地后，拖拉机还可以套上钉耙将大土块打碎，平整地面。

拖拉机的后轮又宽又大，是它的**动力车轮**，不仅要负责拖拉机的行进，还要比前轮负担更多的重量，而且，它还要产生很大的摩擦力，防止拖拉机陷进田地里。

61

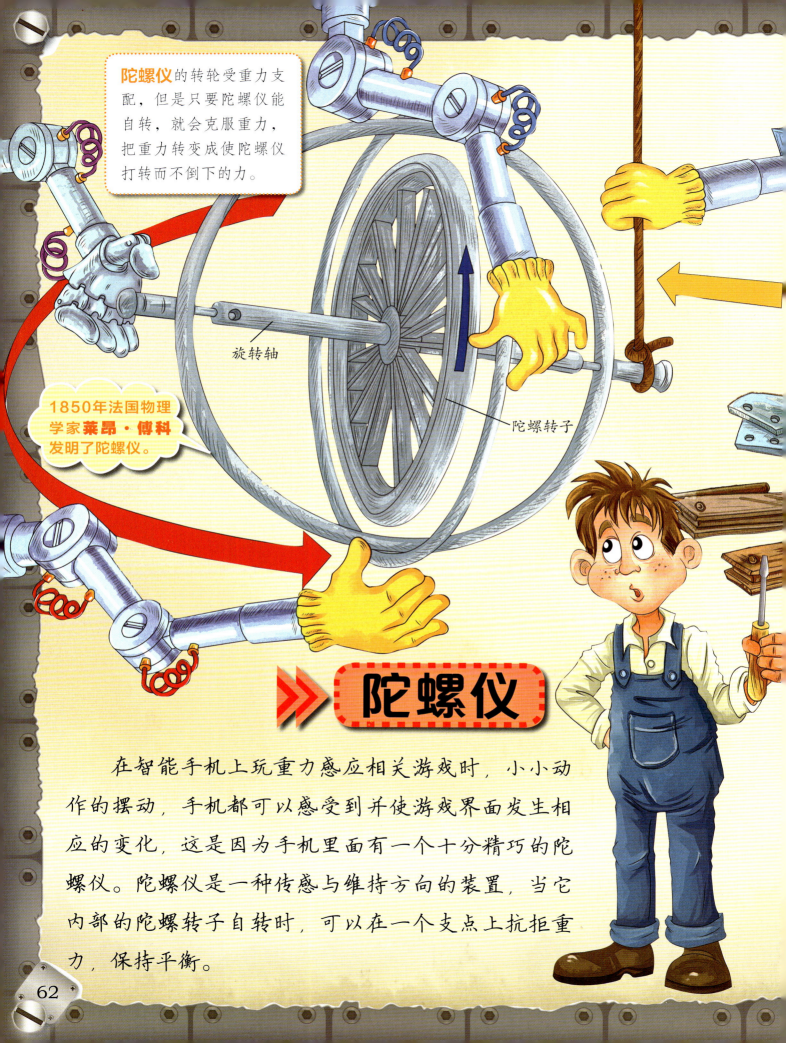

陀螺仪的转轮受重力支配，但是只要陀螺仪能自转，就会克服重力，把重力转变成使陀螺仪打转而不倒下的力。

旋转轴

陀螺转子

1850年法国物理学家**莱昂·傅科**发明了陀螺仪。

陀螺仪

在智能手机上玩重力感应相关游戏时，小小动作的摆动，手机都可以感受到并使游戏界面发生相应的变化。这是因为手机里面有一个十分精巧的陀螺仪。陀螺仪是一种传感与维持方向的装置，当它内部的陀螺转子自转时，可以在一个支点上抗拒重力，保持平衡。

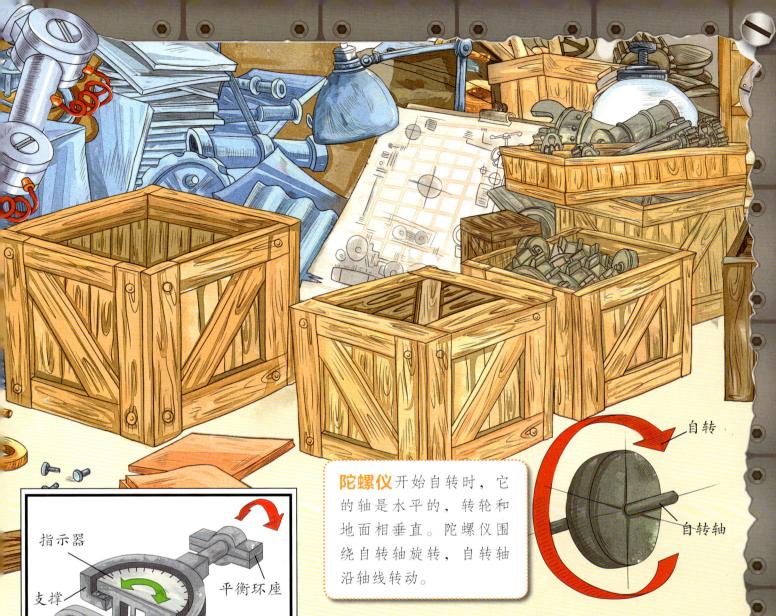

陀螺仪开始自转时，它的轴是水平的，转轮和地面相垂直。陀螺仪围绕自转轴旋转，自转轴沿轴线转动。

陀螺仪轴线的一端自由运动，重力试图拉下自由的那一端，使陀螺仪围绕重力轴转动。

克服重力：此时就产生了进动现象。进动运动使陀螺仪在水平的圆周内绕着进动轴转动运动，不再被重力拉动。

回转罗盘

回转罗盘利用陀螺仪来指示方向。陀螺仪中心轴设定在南北方向，连接着指示器，当装有罗盘的船舶或飞机转弯时，陀螺仪使指示器一直指向北方。

63

转轮和离心力

洗衣机在甩干的过程中,旋转的滚筒会把衣服里的水通过滚筒壁上的小孔甩出去,这是借助了离心力的力量。什么叫离心力呢?当物体做圆周运动时,物体本身不停地改变运动方向,但是惯性使它抗拒任何方向与速度的改变。如果能脱离圆周运动,物体就会沿着直线前进。在外力的作用下,圆周运动的物体总是试图脱离圆心,这就是所谓的离心力。

生活中有很多用品都用到了**离心力**。

制作陶器的转轮是一个有转轴的圆盘。制作陶器时,用脚不断地踩动脚踏板,让转轮旋转起来。由于转轮的惯性相当大,在前后踩脚踏板的间隙转轮会继续保持转动。

留声机也应用了转轮。唱片放置在转台上,在唱针下旋转。

玩具小汽车里的飞轮： 沿着地面推动小汽车时，飞轮被车轮带着转动，能量被储存在飞轮里。当小汽车失去外力被放到地上时，由于惯性的作用，飞轮继续转动，小汽车就飞快地向前行驶了。

留声机转盘： 留声机的转盘转动速度十分稳定，是因为它有一个厚厚的轮缘。轮缘部分质量集中，而且转速快，这可以提高转盘的惯性。转盘本身的惯性可以抵消转盘马达所产生的任何轻微的变动。

飞轮

活动臂

厚厚的轮缘

马达转轴

摩天轮

我们经常看到好大好大的轮子,高高地耸立在地面上,像一个高大的钢铁巨人站在那里,它就是游乐园里的摩天轮。摩天轮是大型的轮轴结构,它依靠中间的转轴缓慢地运动。人坐在座舱里,随着摩天轮慢慢地升空,高大的楼房也会变得渺小了。

摩天轮是一种大型转轮状的机械设备。乘客坐在摩天轮上,慢慢地往上转,可以享受快乐和刺激的空中旅行。

摩天轮也可以作为活动的观景台来使用!

摩天轮的边缘,挂着供乘客搭乘的**座舱**。

外圈钢构架

驱动轮

轮辐

摩天轮的轮箍紧贴在外圈的钢架上，靠驱动轮转动轮箍，使观光舱沿着轮盘旋转。

第一个摩天轮

1893年芝加哥世博会的摩天轮是世界上第一个摩天轮，由美国人乔治·法利士设计。它大约重2200吨，可以乘坐两千多人，高度相当于26层楼。当年它给世博会带来了前所未有的震撼，成为那届世博会的象征，后来甚至入选世博史上十大最雄伟建筑。

工具箱里有什么？

打开工具箱，哇！这么多工具啊！看看这些工具和轮轴有什么关系？它们长相虽然一点儿也不像轮子，但是却都是借助轮轴的原理来工作的。

球形门把手就是利用轮轴原理的机械。门外的把手与转轴相连，旋转把手时，转轴会把锁中的弹簧销移开，这样门就被打开啦！

螺丝刀的手柄相当于转轮，当我们拧螺丝时，手柄使中间的金属棍随着转动，从而将螺丝旋得紧紧的。

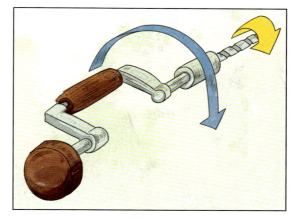

手钻有一个弯曲的手柄，可以像轮子一样画着大圆圈旋转，前端画着小圆圈的钻头就可以随着钻出深深的洞。

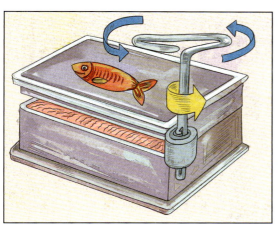

鱼罐头上有个旋钮小把手，它可以把罐头的金属密封带拉开。这样我们就可以吃到美味的鱼肉啦！

生活中应用到轮轴原理的工具还有很多，我们一起找一找吧！

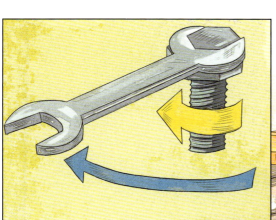

扳手的手柄相当于转轮，我们拧螺丝时，手柄使中间的金属棍随着转动起来，就可以将螺丝旋得紧紧的。

轮轴认一认

轮轴是一种既可以让物体移动,还可以帮助物体旋转的简单机械。留心观察,你会发现生活中有许多这样的结构。

中国古代纺车利用了转轮的惯性,可以卷绕捻合纱线,把麻、丝、毛、棉等纤维加工成线。

滑板： 踩着滑板，可以在地面上轻松地滑行。

自行车车轮： 自行车车轮的辐条又细又轻，骑起来很轻快。

螺旋桨： 螺旋桨是由叶片组成的轮子，把它安置在船尾，旋转起来可以推动船只前进。

轮轴知识学一学

我们了解了轮轴的不少知识,是不是对它很感兴趣?下面,我们来做一个小游戏。看看!箱子里这么多小零件,实在太重了,推着装满小零件的木箱子往前走,可是推不动,使劲拉呀,还是拉不动,怎么办呢?

怎样把这些小零件运走呢？找四个**轮子**来帮忙吧。我们先用长杆做轴将两个轮子连接起来。

再用长木板将两根轴连起来，最后将木箱固定在中间的长木板上，"**小货车**"搭建完毕！然后，把装着零件的木箱子放到小车上，这样，就可以毫不费力地把它拉走啦！

克服摩擦力

轮轴可以将一个物体，从一个地方移动到另一个地方。在轮轴结构中，轴从轮子中间穿过，当轴旋转时，轮子也会跟着转动。当一个物体在一个粗糙的平面上运动时，摩擦力会使运动物体的速度减慢，而轮轴结构可以帮助你克服这个摩擦力。

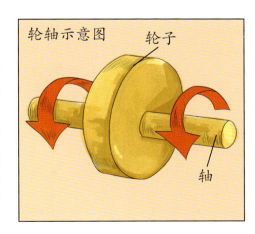

轮轴示意图　轮子　轴

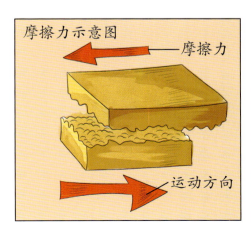

摩擦力示意图　摩擦力　运动方向

长着锯齿的轮子

如果给轮子的四周加上锯齿，轮子就变成了齿轮。不同齿轮上的锯齿可以很好地咬合在一起。当我们转动一组齿轮中的一个时，其他齿轮也会跟着转动起来。齿轮有大有小，不同齿轮上的锯齿，也是形状各异。可别小看这些齿轮，它们会以不同的方式牢牢地连接在一起。在大人开的汽车里，有个变速箱，里面有各式各样的齿轮，让我们一起去看看吧。

采用手动换挡的汽车，用这个手动的档位可以调节汽车的速度。

错落有致的大小齿轮

通过齿轮之间的相互咬合传递，**发动机的曲轴**和**车轮**连接起来，不仅能让发动机效率最高，还能让汽车在较大的速度内行驶。

哇！这就是**变速箱**里的齿轮啊，好复杂啊！别怕，看似复杂，其实这些齿轮在执行一个简单的任务。

齿条和小齿轮： 一个可以来回滑动的长长的齿条。看！它与小齿轮结合得多紧密。

斜齿轮： 这种齿轮的锯齿是斜斜的，可以用来改变旋转方向。

正齿轮

想要改变手动挡汽车的速度，踩一下脚下的**离合踏板**，发动机和变速箱就分开了。齿轮带动车轮转动的速度比发动机上的曲轴慢，汽车就慢了下来。

蜗杆： 它和蜗牛的形状没有任何关系，它是一个带着螺旋纹的转动轴，可以和齿轮咬合在一起。

大小齿轮

注意仔细观察，大齿轮转动的方向与小齿轮相反哟。

75

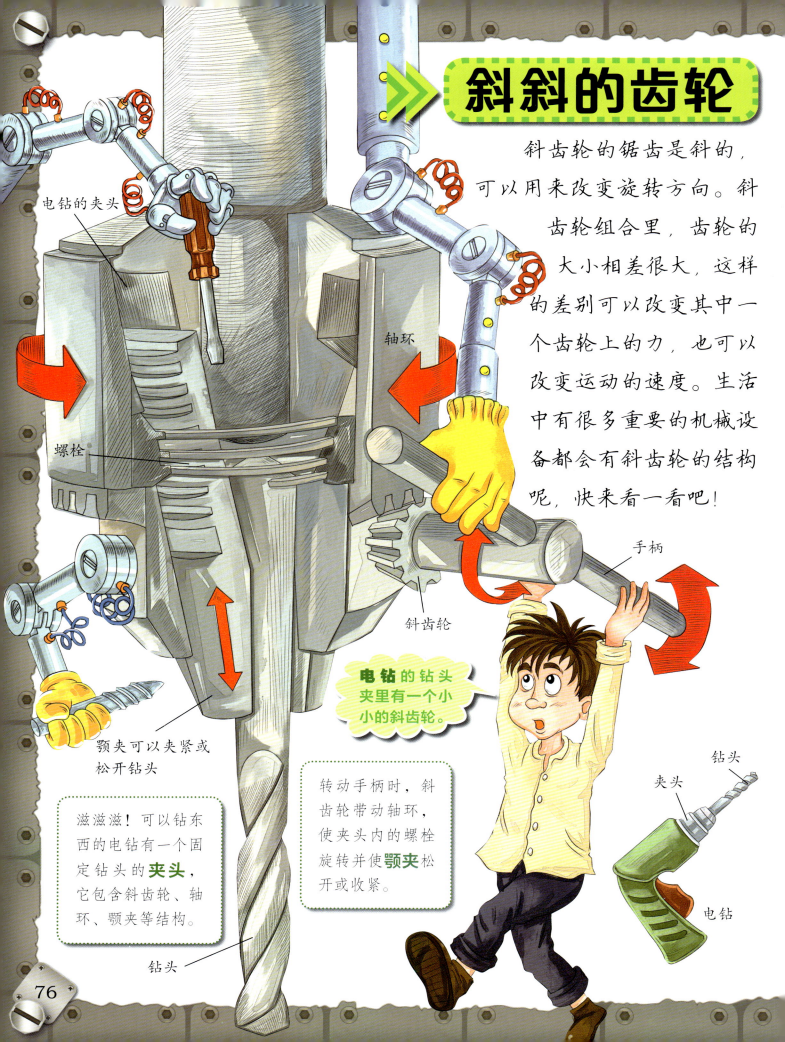

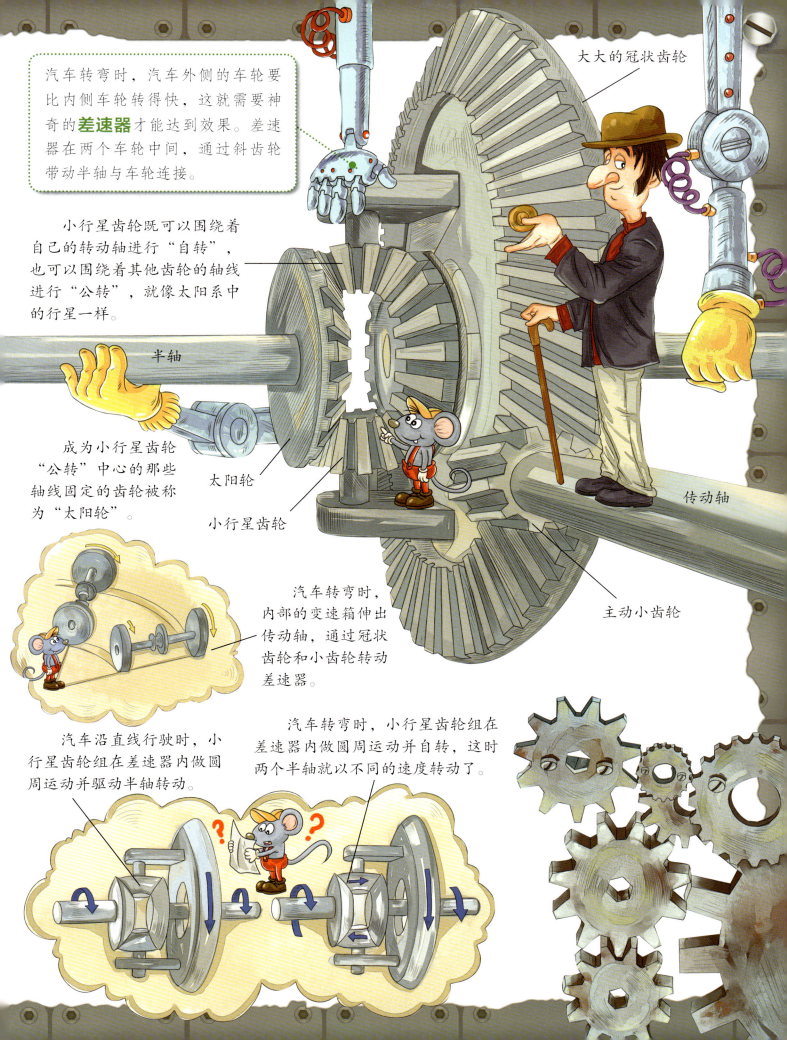

电钻的**钻头**像螺钉一样，轻而易举地在物体上钻出需要的孔洞。

钻头

颚夹　夹头

电钻里的齿轮结构

人们在装修房子或建造房屋的时候，都离不开电钻。电钻是一种钻孔工具，接通电源后，电流产生磁场，在磁场的相互作用下电动机的转子开始旋转，带动钻头开始工作。电钻里也有好多齿轮结构，它们起到了什么作用呢？

开瓶器

很多人喜欢喝葡萄酒。葡萄酒瓶的瓶盖通常是一个长长的软木塞。每次人们总会拿出一个开瓶器。这个开瓶器的模样很奇怪：尖尖的螺旋丝连在长螺栓上，还有两个带小齿轮的握柄。

开瓶器利用螺栓与小齿轮、齿条的作用力拔出酒瓶中的软木塞。小齿轮延伸出的长长的握柄在齿条上可以产生很大的杠杆作用，可以轻松地把软木塞抽出来。

齿条

小齿轮

软木塞

握柄

可爱的兔耳型开瓶器

这是一种快速开瓶器，有两个用于夹住葡萄酒瓶颈的把手，而且把手形状特别像兔子的耳朵。使用时用把手夹住瓶颈，之后快速压下压杆，使螺旋钻快速进入瓶塞，然后回拉压杆，就能使瓶塞脱出了。

首先把**开瓶器螺栓**尖尖的一头对准软木塞的中心。

把螺栓慢慢旋进**软木塞**里，长长的握柄便会抬起来。

螺栓完全推入软木塞后，把握柄向下推，小齿轮使齿条向上，这样软木塞就被拔出来了。

螺栓

机械钟表

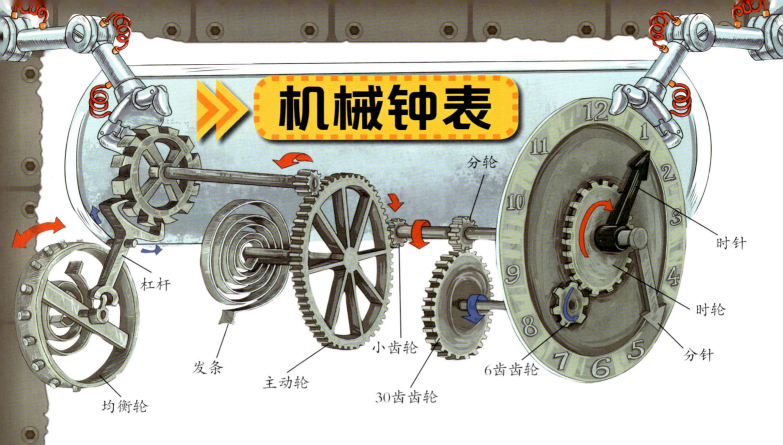

"嘀嗒嘀嗒……"时钟不紧不慢地迈着轻快的脚步，分秒不差。长长的分针走得很快，一看到分针我们就会感觉到时间过得好快啊！又黑又粗又短的那根是时针，它走得比较慢，像蜗牛一样。每天睡觉时，就会很清晰地听到分针、时针唱歌的声音，在悦耳的节奏声中，一会儿就能进入甜甜的梦乡。

闹钟

闹钟内部有很多齿轮，例如运行轮、动力轮、擒纵轮等。它们各负其责。闹钟用卷起来的螺旋弹簧作为动力，卷紧的发条舒展产生的力，带动同齿轮相连的细轴转动。

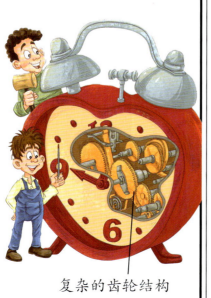

复杂的齿轮结构

机械式手表是由发条带动齿轮转动的。

螺旋弹簧发条产生动力

转动的风车

大风车悠悠地转啊转。古时候人们建造的风车上有4个大大的扇叶，风力推动着扇叶使中心的轴转动，可以用于磨面、提水、榨油等。最早的风车是固定的，无法跟随风的方向旋转角度，直到后来发明了一种叫"尾扇"的装置，有了它就可以自动调整风车的方向了。那么风车的内部有什么样的齿轮结构呢？我们一起来看看吧！

这是一种**柱式风车**，以中心柱为转动轴，使风车的扇叶对准风的方向转动。

坚固的扇叶：风车的扇叶固定成十字型，木质骨架结实坚固，可以抵挡强风。

— 小叶片张开的样子
— 小叶片闭合的样子

灵活的小叶片

风车上的扇叶有好多像百叶窗一样的小叶片，它可以根据风的强弱自动张开或者闭合。大风吹来的时候，小叶片张开，使扇叶转得慢一些，防止吹坏。

蜗轮和蜗杆

蜗杆是个带着螺旋纹的转动轴，可以和蜗轮咬合在一起。蜗轮相当于齿轮，蜗杆相当于齿条。电动搅拌器利用蜗轮驱动打浆器的轴；汽车上的速度计可以利用蜗轮产生巨大的减速作用；草地洒水器中也有一套蜗轮组结构，可以使水通过洒水器的时候产生运动。

草地洒水器不但可以喷出一股股细细的水流，它的喷头还可以来回摆动。这是因为它的内部有一套蜗轮结构。

输水管里的水进入洒水器时驱动**涡轮**，然后再冲入到喷水管，涡轮驱动两个**蜗轮组**，以较低的速度带动曲柄转动，曲柄缓慢地推动喷水管来回摆动。

喷水管

蜗轮组

曲柄

小齿轮大作用

汽车发动时，启动马达通过与飞轮上齿的啮合，一起配合转动汽车的发动机。启动马达轴上小小的齿轮在其中起到了大大的作用。

启动： 当汽车点火装置发动时，启动马达开始快速旋转。启动马达的轴旋转得比小齿轮快，使小齿轮沿着螺纹移动。

启动马达旋转时小齿轮向飞轮方向运动。

螺纹

弹簧

启动马达的轴

飞轮

汽车发动机是由启动马达和飞轮带动运转的。

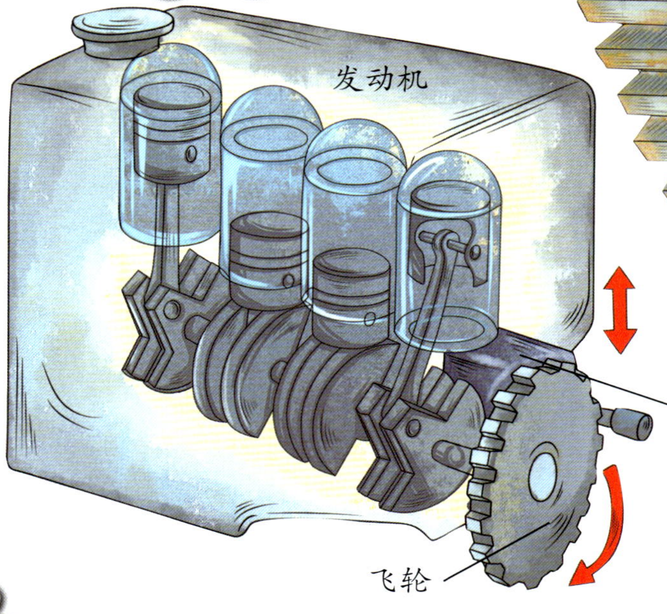

发动机

启动马达

飞轮

飞轮被小齿轮带动

小齿轮退回原位

飞轮与小齿轮啮合

飞轮被引擎带动

汽车发动机运转时，小齿轮与飞轮啮合，飞轮带动启动马达的轴转动。

汽车的发动机发动后，小齿轮转得比启动马达的轴快，小齿轮会沿着螺纹退回原位，脱离飞轮。

启动马达

飞轮

发动机里的齿轮

"轰轰轰！"汽车启动的时候会发出轰鸣声，这是因为它的心脏——发动机在给它提供动力。发动机由启动马达的飞轮带动后，活塞在汽缸内上下运动，带动曲轴转动，曲轴带动相连的齿轮，最后带动汽车车轮。

汽缸内的活塞是由燃料燃烧时产生的爆发力使它向下运动的。

汽车发动机的每一个**汽缸**都有几个阀，可以让燃油喷入或废气喷出。

活塞

飞轮

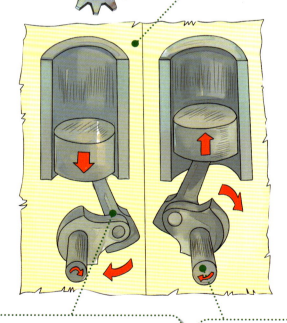

连杆连着活塞，另一端连着曲轴上的曲柄，连杆带动曲柄转动，曲柄的持续转动将活塞向上推动。

曲轴把活塞的运动转变为旋转的动力，带动车轮转动。

只能向前的棘轮

公园入口处一般都有旋转式的验票闸门。这种装置只能向一个方向运动。其实，验票闸门的内部有一种只能单一方向转动的装置，叫作"棘轮"。棘轮是由一个齿轮和一个叫作棘爪的装置构成的。

验票闸门一次只能允许一个人通过。

推动**验票闸门**时也带动了棘轮的转动。

棘爪和重物
棘轮

棘轮转动时，棘爪顺着棘轮的齿滑动。

棘轮结构的应用

古代使用的骨叉上有倒钩，它的作用和棘轮一样。

公元17世纪时的摆钟，里面有棘轮结构。

滚筒窗帘里面有棘轮结构。

旋转式验票闸门内部的棘轮结构使闸门只能向一个方向转动。它可以减缓通过闸门的速度，让管理者更方便地清点人数、计算门票。

如果有人想要**反向转动**通过验票闸门，棘爪就会卡住棘轮上的齿，将棘轮锁住。

不同的棘轮结构

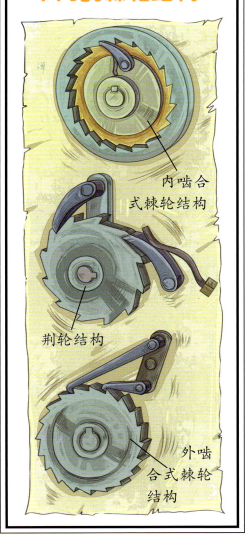

内啮合式棘轮结构

荆轮结构

外啮合式棘轮结构

汽车安全带里的齿轮

　　汽车安全带是在座位上安装的对身体起固定和保护作用的安全装置。它的里面也有齿轮结构，主要包含一个棘轮和一个坠有重物的棘爪。平时我们慢慢拉动安全带时，它不会锁紧，只有它被猛烈拉动时才会被锁紧，使人固定在座位上。

开车时一定要系安全带啊！

正常使用时，**棘轮**和**棘爪**并不接触，因此棘轮与安全带轴可以慢慢地自由转动。

棘轮和棘爪啮合后，棘爪防止棘轮和安全带轴转动，从而锁紧安全带；当安全带松动时，**弹簧**使这些结构回复到初始位置，安全带又可以自由拉动了。

如果突然**刹车**或发生碰撞，重物会向前摆动，离心力使棘轮和棘爪相互啮合。

安全带

安全带

安全带轴

棘轮

安全带轴

刹车时，重物向前摆动，棘爪移动卡住棘轮。

棘爪

重物可以带动棘爪移动。

过山车上使用的棘轮　　棘轮扳手　　塑料扎带

生活中的棘轮

齿轮转一转

一起来动手制作转动的齿轮吧!

你需要准备:一个没用的鞋盒盖,两枚开口钉,一张用来做齿轮的硬纸板。

用硬纸板剪出**两个相同的齿轮**,用开口钉把一个齿轮固定在鞋盒盖上,再把另一个齿轮放在它的旁边,使两个齿轮刚好啮合,同样用开口钉固定在鞋盒盖上。

转动其中一个齿轮,观察另一个会转动吗?(注意齿轮要能够自由转动,不要固定得太紧。)

将汽车高高吊起

凹槽

滑轮是一种简单的机械，可以用来升降重物。它是由一个轮子和一根绳子构成的。轮子的边缘带有凹槽。我们可以把要升起的物体系到绳子一端，然后让绳子穿过滑轮的凹槽。当你往下拉动绳子时，物体就被提起来啦。

绳子

定滑轮： 使用定滑轮时，重物运动的距离和绳子拉动的距离相同，不能放大作用力，但是定滑轮可以改变施力的方向。

定滑轮可以帮助我们拉起古董车，但是并不省力。

重物

如果你想把古董车吊起来，把车的底盘维修一下，最好的办法就是用滑轮。滑轮可以让绳子来回滑动。如果用一个滑轮觉得费力，还可以再加一个滑轮。这下古董车可以被拉动了！增加的滑轮越多，拉起来就会越轻松。

动滑轮： 增加一个轮子，将定滑轮变为动滑轮后，绳子移动的距离大于重物移动的距离，因此会变得更省力。

生活中的滑轮

升旗时，我们会利用滑轮，将国旗升上去。这比爬到旗杆上再把旗子挂起来要简单多了。在家里，也有很多地方利用了滑轮，比如窗帘，我们只需轻轻拉一下绳子，就可以让窗帘打开或闭合。再比如水井上的滑轮，它是定滑轮，它改变了力的方向，只要用手拉绳子就可以把水桶提出水井。

定滑轮

动滑轮

多个滑轮组和绳索就组成了滑车。滑车结构简单，使用方便，是重要的吊装设备。

想一想：滑轮组上有10个动滑轮，负责把重物吊起，那么滑轮组能节省多少力？

滑轮怎样工作

滑轮的功能非常多，我们主要用它来提取重物，因为滑轮不仅能改变力的方向，还能为我们节省不少体力。那么滑轮具体是怎样工作的呢？那就让我们一起去看看吧。

由**单个滑轮**组成的**定滑轮系统**中，将一个滑轮固定在支架上，再将绳索绕过滑轮与负载重物相连接。

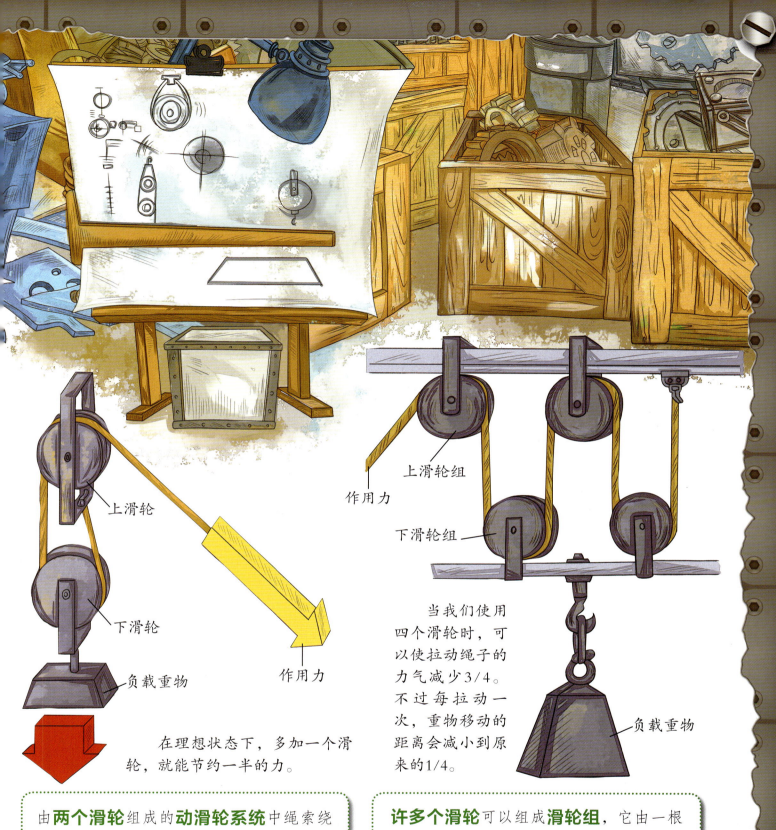

由两个滑轮组成的**动滑轮系统**中绳索绕过上滑轮，向下绕经下滑轮再返回上滑轮。下滑轮负载重物可以自由移动，当拉动绳索时，就可以吊起负载重物，负载重物运动的距离是绳索拉动距离的一半。虽然负载重物上升的距离减半，但是拉动绳子的力气也减半了，变得更省力了。

许多个滑轮可以组成**滑轮组**，它由一根绳索和由绳索环绕的两个独立滑轮组组成。每一滑轮组中的滑轮，可以单独地在同一轴上自由转动。上面一组滑轮固定在支座上，下面一组滑轮与负载重物相连。滑轮组可以吊起巨大的重物，滑轮组里的滑轮越多，拉动物体时就会越省力。

链吊车

链吊车是由一根环形链条绕在三个滑轮上组成的。上面两个滑轮固定在一起，负载的物体挂在下面的滑轮上，下面的滑轮则由环形链条吊住。想让链吊车转起来，就必须移动链条，这样挂在下面滑轮上的物体就可以进行升降了。

当链条被拉动时，两个上滑轮沿逆时针方向转动，大直径的链轮收进的链条比小直径链轮放出的链条长，这样就可以加大拉力，使负载重物提起较短的距离。

上滑轮

链条

负载重物

作用力

发动机上的滑轮

有些汽车或拖拉机的发动机上,也会有用皮带连接在一起的滑轮组。它们可以传输能量。连接着发动机的滑轮带动转轴飞速转动,为汽车或拖拉机提供动力。

当链条以相反方向转动时,负载重物就被降下。

滑雪缆车

冬天来啦，滑雪场堆满了白雪。如果你去滑雪场，一定不要错过乘坐滑雪缆车哟。滑雪缆车可以将你乘坐的吊椅传送到绞盘机的下方，而绞盘机就相当于一个大滑轮，每个吊椅都连接着缆绳。

绞盘机： 像一个大大的滑轮，它支撑、牵引着缆绳。

1900年左右，人们开始用一个大雪橇将一批滑雪者运送到山上。到了1930年，出现了可以将滑雪者运送到山上的最初的滑雪缆车。

健身器材

这是一个健身房里的健身机械。让我们好好观察一下，看看这些健身设备哪里应用了滑轮原理？滑轮的应用是不是能控制重物被提升的角度，让提拉重物更加安全，锻炼变得更加有效果？

哑铃是举重所用器材。哑铃运动属于重量训练的一种，利用哑铃可以增进肌肉力量的训练。

健身器材常以训练功能多少划分为单功能和综合型多功能两大类。

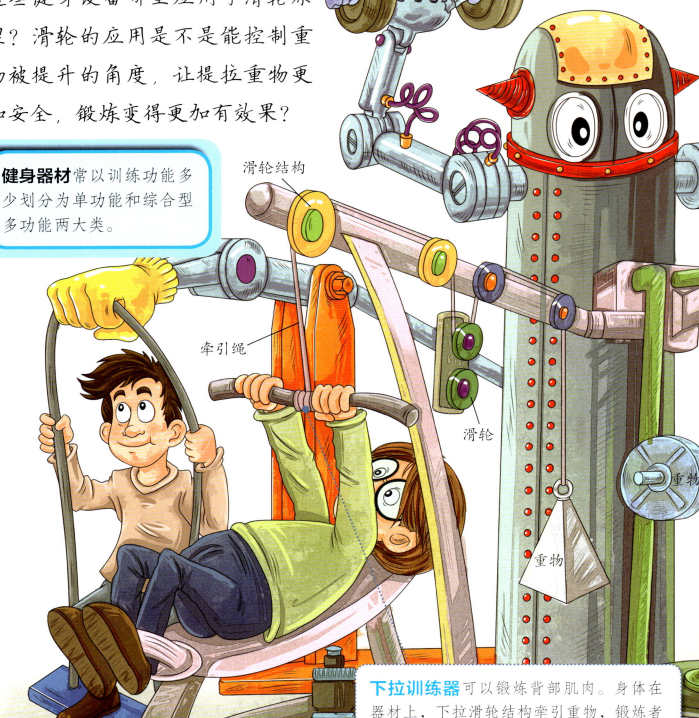

滑轮结构

牵引绳

滑轮

重物

下拉训练器可以锻炼背部肌肉。身体在器材上，下拉滑轮结构牵引重物，锻炼者通过调整身体的倾角度来锻炼背部肌肉。

综合型多功能器 包括扩胸器、引体向上、仰卧推举、仰卧起坐等器械的功能。

滑轮结构

滑轮

拉力训练器 用来锻炼身体的肌肉。我们可以选择不同位置锻炼，能锻炼到腿部、臂部、背部、胸部、腹部等部位的肌肉。

把手

坐式屈腿训练器 可以做反方向的腿部运动，用来锻炼小腿、大腿肌肉和膝关节。

重物

跑步机

跑步机主要用来锻炼腿、腰、腹部的肌肉和心肺功能。在跑步机的皮带上跑步时，人跑步的速度，与皮带运行的速度相对应。跑步机里还有个安全设计，能减缓跑步机对人跑步时的振荡冲击，从而减轻了对人的膝盖、小腿以及背部的压力。

牵引绳

汽车起重机

汽车起重机是搬运重物的能手。它来到施工工地后，就可以把外部支撑伸展开，再将它长长的吊臂伸出来。它的吊臂也叫作伸缩杆，在吊臂的前端有个大大的吊钩，吊钩连接着一组滑轮，吊钩上可以挂载重物。通过吊臂的移动和升降，工人们就可以将各种施工材料运到所需的地方了。

汽车起重机是装在普通汽车底盘或特制汽车底盘上的一种起重机，它的驾驶室与起重控制室是分开的。

可以360度旋转的转台

全景控制室： 操作人员在控制室内操作汽车起重机。

配重用来防止汽车起重机在使用时倾倒，一般位于车身后部。

最大的汽车起重机

世界上起重能力最大的汽车起重机有两款，分别为德国起重机巨头利勃海尔生产的LTM11200-9.1和中国工程机械领导者徐工集团旗下的QAY1200，起重能力均为1200吨。

液压系统中的液压泵产生力量移动物体。

滑轮的上半部与吊臂相连

可以伸缩的延长吊臂

长长的钢索缆绳可以吊起重物

滑轮组的六个滑轮将吊起重物的力量减少至六分之一。

重物

汽车起重机工作时需要伸展开外部支撑，这些支撑将车身的重量分散到更大的面积上，增加了车身的稳定性。

汽车起重机在满负荷的时候，可以把重物吊起40多米，它的吊臂可以360度转动，以把重物放到准确的位置上。

109

塔式起重机

金属结构的水平式动臂

塔式起重机是固定在地面上，像铁架搭建起来的高塔。它也是利用了滑轮的原理。塔式起重机通过自身的滑轮组来上下升降重物。它有一根细长的主框梁，主框梁上面有一个吊运车，车上有一个钩子可以放下来，这样就可以吊起重物了。

吊运车在滑轮上沿主框梁滚动，由吊运车缆索来回拉动，缆索则由吊运车的绞盘驱动。

吊运车　吊运车绞盘
吊运车缆索
吊钩滑轮

塔式起重机是动臂装在高耸塔身上部的旋转起重机。

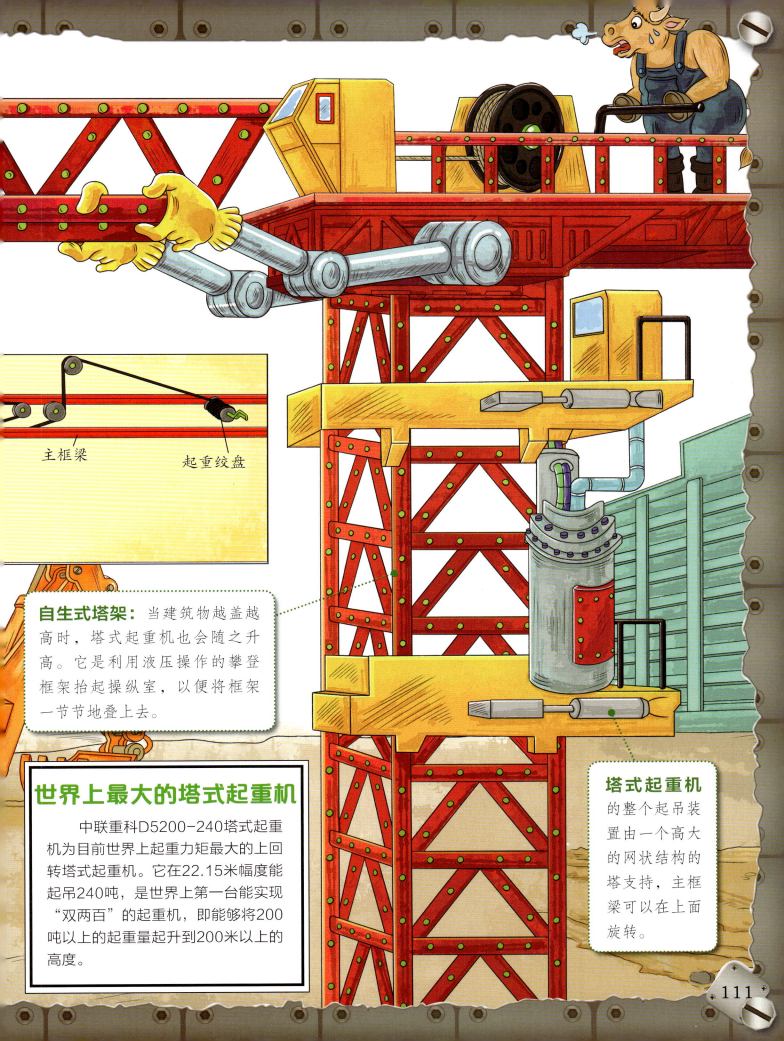

主框梁

起重绞盘

自生式塔架： 当建筑物越盖越高时，塔式起重机也会随之升高。它是利用液压操作的攀登框架抬起操纵室，以便将框架一节节地叠上去。

塔式起重机 的整个起吊装置由一个高大的网状结构的塔支持，主框梁可以在上面旋转。

世界上最大的塔式起重机

中联重科D5200-240塔式起重机为目前世界上起重力矩最大的上回转塔式起重机。它在22.15米幅度能起吊240吨，是世界上第一台能实现"双两百"的起重机，即能够将200吨以上的起重量起升到200米以上的高度。

手扶电梯

手扶电梯里面藏着两对大齿轮，绕在齿轮上的是长长的一组链条，链条连接着扶梯的台阶。扶梯顶部的电动机驱动着大齿轮，转动着链条，从而带动台阶做循环运动。其实，手扶电梯是应用了滑轮原理的，只是不太明显，是一个主动轮驱动装在台阶下的链条，而回程台阶则作为它的配重。

当人站上去的时候，阶梯会自动向上移动，然后在顶端变平，再被**主动轮**转回来，循环往复。

回程扶手

主动轮

回程阶梯

每一级**阶梯两侧**各有一对轮子，每对轮子都在阶梯底下的两条轨道上滚动。

主动轮是围绕着中轴转动的，它和发动机相连，发动机可以让它以一个合适的速度旋转。

帆船上的滑轮

你知道帆船上的风帆是怎么升上去的吗？没错，就是用了滑轮。不同的滑轮，它的作用也是不同的。比如，有的可以用来改变绳索的方向，有的可以用来减少升起船帆需要的力量。用绳索或链条绕过若干个滑轮所组成的牵引起重装置则是滑车。最早的船上的滑轮是用木头或金属做成的，而现在船上的滑轮基本上都是用不锈钢或塑料制成的了。

滑轮是帆船上的主要装置，它既可以改变用力的方向，也可以达到省力的目的，还有减少绳索摩擦等的作用。

按制造材料分，有木制滑轮和钢制滑轮两种；按滑轮数目分，有单轮滑轮和多轮滑轮；按形式分，有普通滑轮和开口滑轮。

木质滑轮

使用滑轮系统升降帆的木质帆船

使用时，一般采用由**定滑轮**与**动滑轮**以及绕过它们的绳索所组成的滑车系统，以便省力地提升或牵引重物。

缆绳　　不锈钢滑轮

阿基米德移动巨船

古希腊有一位著名的发明家阿基米德。有一次，阿基米德给国王写了一封信，在信里他提到，他可以利用滑轮装置移动任何重量的物体。甚至还说，只要给他足够的滑轮他就能移动整个世界。于是国王便想考考他。国王让阿基米德将一艘刚建好的大帆船移到海里去。

巨大的新船建造完成后，阿基米德在船头前拽动绳子，巨船在滑轮组的帮助下慢慢地前进，最后巨船就在阿基米德的拉动下向大海中驶去了。

古代利用滑轮原理

中国古人也很早就掌握了滑轮原理。在中国古代的生产、生活、战争甚至陵墓中，都有滑轮的应用。古代的滑轮被称为滑车，除了主要部件滑轮外，还包括安装滑轮的构架、绳索或皮带。古代的守城兵器——狼牙拍就应用到了滑轮结构。使用的时候从城墙向下抛掷狼牙拍，用来拍落攀爬城墙的敌兵。

古代人们**采矿**的时候没有挖掘机,那时人们就在矿井边上架起滑车。滑车的构造与水井上提水的辘轳很类似。**采矿时**,人们在矿井边支起一个辘轳,辘轳上边缠绕上绳索,然后把绳索缠在采矿人的身上,慢慢转动辘轳,就可以把人放到矿井里了。

古人制作滑车的轱辘木架

狼牙拍使用的滑轮构造是绞车。当拍子被抛掷下去后,士兵通过拉回缠绕在绞车上的绳索来回收拍子。

看一看下图中哪个是**定滑轮**？哪个是**动滑轮**？

滑轮知识学一学

前面我们已经知道了好多关于滑轮的知识，那么请你讲一讲吧。首先，我们来看看什么是定滑轮。当单个滑轮固定在高处的某个物体上的时候，它就被称为定滑轮。定滑轮能做什么呢？它可以帮助我们拉起重物……

升降机： 大厦外的窗户清洁工把升降台挂在滑轮绳索上，然后利用滑轮装置可以在楼体外升降自如。

救援直升机 也有滑轮装置。被困在危险区域的人可以拉住吊索，利用滑轮装置会将他拉升至机舱内。

下图中的两个小朋友各用一个滑轮组提起重物。仔细观察一下,谁的滑轮组吊起重物最省力?

旗杆顶部飘扬的旗子也是依靠**滑轮**设备升上去的。旗杆顶部固定着一个滑轮,绳子绕过滑轮,拉动绳子,旗子就会升上去了。

找一找小游戏

建筑工地上有好多大型机械在工作,如压路机、推土机和汽车起重机,等等,小朋友想一想哪种机械应用了滑轮呢?

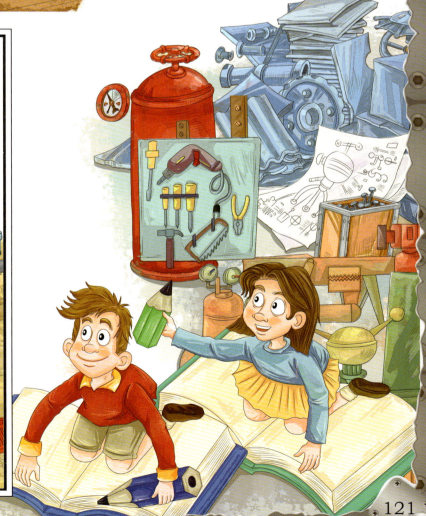

阿基米德螺旋泵

阿基米德出生于公元前287年的古希腊，好学的他到当时的文化中心亚历山大城学习数学、天文学和力学。他发现由于尼罗河的河床地势低，农田地势高，农民只能用木桶拎水浇田，便在脑海中产生了一个设想：如果做一个大螺旋，外面套上一个圆筒，螺旋转起来后，水不就可以沿着螺旋被带到高处去了吗？

阿基米德根据这一设想，画出了一张草图，他拿着这张草图去找木匠，请求师傅帮他做一个用于泵水的工具。

这个机器由套在木制圆筒和筒内的**螺旋器**构成。用手转动把手，螺旋结构会把水带到高处。

从**木制圆筒**高处流出的水流入水渠，河水就能输送到地势较高的农田里灌溉庄稼了。

人们将这个"**怪东西**"搬到河边，并把它的一头放进河水里，然后轻轻地摇动手柄。从它的顶端就不断地涌出水来，这样水就能往高处流了。

把手

水从这里流出来

螺旋器

木制圆筒

水从这里流进去

后来这种螺旋水泵在尼罗河流域，乃至更广大的范围流传开了。人们把这种水泵称为阿基米德螺旋泵。

螺旋抽水机与巨船

阿基米德一生中设计过许多东西，其中，就有一艘搭乘600多人的超级巨船。巨船在海里航行难免会进一些海水。为了排掉进来的海水，阿基米德设计了螺旋抽水机。抽水机圆柱管的一头，放在船体的底部，当转动螺旋时，就可以将船底的水排出去了。

123

绞肉机机身的作用是使输送的物料前移到切割机构，并在前端对物料进行挤压。

切削器面板

十字刀片

机身

绞肉机里的螺旋结构负责输送和挤压。

手摇式绞肉机

固定架

切削结构： 十字刀片对挤压进来的物料进行切割。

绞肉机

这种绞肉机你见过吗？见到它你可要离它远一点儿，大人不在时，千万不要随便碰它。因为它可以把肉块绞成肉馅，十分危险。绞肉机正是利用了螺旋的原理，才会这样厉害呢。

螺旋结构

手摇手柄

手柄结构： 包括手柄和手柄螺栓，它是驱动部件，手柄螺栓用以固定手柄。手柄的轮轴作用与螺旋钻的作用相结合，可以加大转动力，以推送肉块。

绞肉机的发明者

德国人德莱斯是个了不起的发明家。他一生发明了许多东西。绞肉机就是他的杰作。德莱斯不仅发明了绞肉机，世界上第一辆自行车、第一台打字机都是他发明的。这么伟大的发明家，是做什么工作的呢？原来，他是一位看林人，每天都要从一片林子走到另一片林子，虽然走路很辛苦，但也养成一边走路一边思考的好习惯。正是因为他爱思考，才发明了那么多东西。

水龙头

如果你用手堵住水龙头的出水口，并留一个小缝隙让水喷出来，你就会感受到水的压力。但是，水的压力虽大，水龙头却用很小的力就能控制水流，这是因为它有螺旋的帮助，螺旋旋转可以产生很大的力。

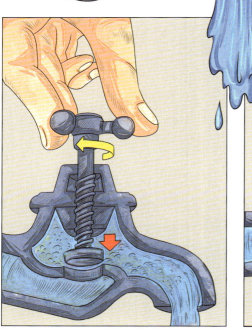
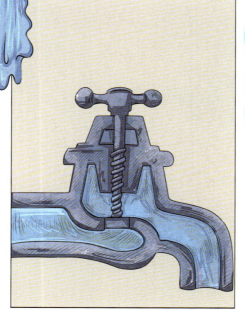

水龙头是控制水的流止的阀门。它的样式有螺旋式、扳手式、抬启式和感应式等。

水龙头的起源

大约在16世纪，土耳其首都伊斯坦布尔出现了类似现在水龙头出水嘴的出水口，当时这种出水口没有开关控制水流，水会彻夜不停地流走。随着人口的增长，这种浪费资源的做法越来越不被人所接受，人们开始使用青铜铸造一些带有开关功能的出水嘴。1845年，英国的罗瑟勒姆发明了第一只螺旋升降式的水龙头，早期的水龙头结构相对简单，通常采用的是螺旋升降式的结构和球阀结构。

水龙头是用很小的作用力来控制水流的，它利用螺旋原理产生很大的力量。

水龙头里的**垫圈**向下压住水流。同时水龙头螺旋上的螺纹有摩擦力的作用，可以防止螺旋松开。

螺旋

垫圈

使用**橡胶垫圈**的水龙头多为螺旋式铸铁水龙头；陶瓷垫圈的水龙头是目前被普遍使用的，质量较好；还有不锈钢垫圈的水龙头，适合水质差的地区。

用力蹬的自行车

快来看这辆自行车！哦！这还是一辆变速自行车呢，前面有一个大齿轮，后面有6个大小不同的齿轮。用力蹬自行车的脚踏板，大齿轮就会转动，通过链条带动后面的齿轮，车轮也就跟着转起来了。

自行车的链条如果被放在后面最大的齿轮上，**车速最慢**，蹬起来最轻松。

自行车的链条如果被放在后面最小的齿轮上，**车速最快**，但是蹬起来最费力气。

连接的链条

调整成低速的大齿轮

调整成高速的小齿轮

改变速度的弹跳滚轮

自行车的充气轮胎不仅十分轻便，还能起到减震作用。

自行车实际上是由几种简单机械组成的复杂机械。它应用到了杠杆、轮轴、齿轮、螺旋等机械原理。

车把上有制动闸，捏住闸可以使车停下来。

主动齿轮

鼓轮

减速齿轮

齿轮和鼓轮咬合在一起。

记录路程的自行车计数器

通过车轮的转动记录里程的计数器。车轮转一次，它里面的小齿轮就转动一齿，计数器记下转过的圈数，把路程的距离转换成数字。它的内部有好多表面带有数字，长得像小鼓一样的齿轮，这种齿轮叫鼓轮。

制动闸

自行车的**车把**也是杠杆，使人更容易操控自行车。

自行车的**脚踏板**是杠杆，它们可以减少车轮转动所需的力量。

129

上下颠簸的海盗船

讲海盗船玩具之前，我们先介绍一下凸轮。凸轮，顾名思义是有一部分向外突出的轮。这种轮子在转动的时候，突出的部分会间断地推动相关部件一起运动。海盗船玩具就是利用了一个凸轮，来使海盗船上下颠簸的。

可动玩具： 下面这个可动纸玩具就是利用凸轮来运动的。我们转动手柄时，凸轮顶起挺杆，使小船升高。

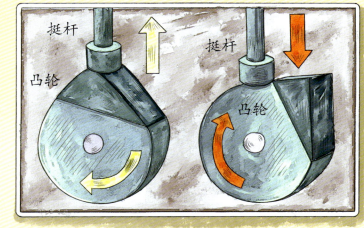

凸轮最基本的形状就是一个简单的固定轮，轮上有一个或几个简单的突起，一根挺杆压在轮上，轮子转动时，挺杆随之上下运动。

凸轮 转动时，会反复推高挺杆。

转动的手柄 带动了同一水平面上的凸轮一并转动。

凸轮 转动，推动着垂直的挺杆向上运动，使小船升高。凸轮继续转动，重力又让挺杆复位，小船落下，这样连续不断，就像小船在颠簸行驶一样。

自行车与曲柄

你知道自行车的曲柄装置吗？它是由连接脚踏板的臂架和曲柄轮组成。当你骑车时，它会把你蹬车的腿部运动，通过链条转化为自行车轮子的转动。所以，你越使劲蹬车，轮子就转动得越快。

与凸轮不同，**曲柄**结构中的轮子转动时，**往复杆**便前后运动，曲柄可以反过来转动，往复杆也可以转动轮子。

骑车的时候，**曲柄轮**带动链条转动，链条再带动后轮转动或后轮随着转动。

勤劳的缝纫机

这是一台电动缝纫机。在过去，它可是家里难得的大物件。先让我们了解一下缝纫机吧，它的动力来自电动马达，电动马达转动皮带和主动轮，主动轮再带动凸轮和曲柄，曲柄驱动小小的缝衣针上下运动，同时凸轮和曲柄再带动像锯齿一样的送布齿运动，从而移动布料。下面，就让我们具体看看它的构造吧。

缝纫机 可以用一根或多根缝纫线，在布料上形成各种线迹，使布料交织或缝合。

1790年，英国的木匠托马斯·山特首先发明了世界上第一台先打洞、后穿线，缝制皮鞋用的单线链式线迹手摇缝纫机。

布料： 送布齿在两针脚之间抬起并向前移，布料移动后落下并返回。

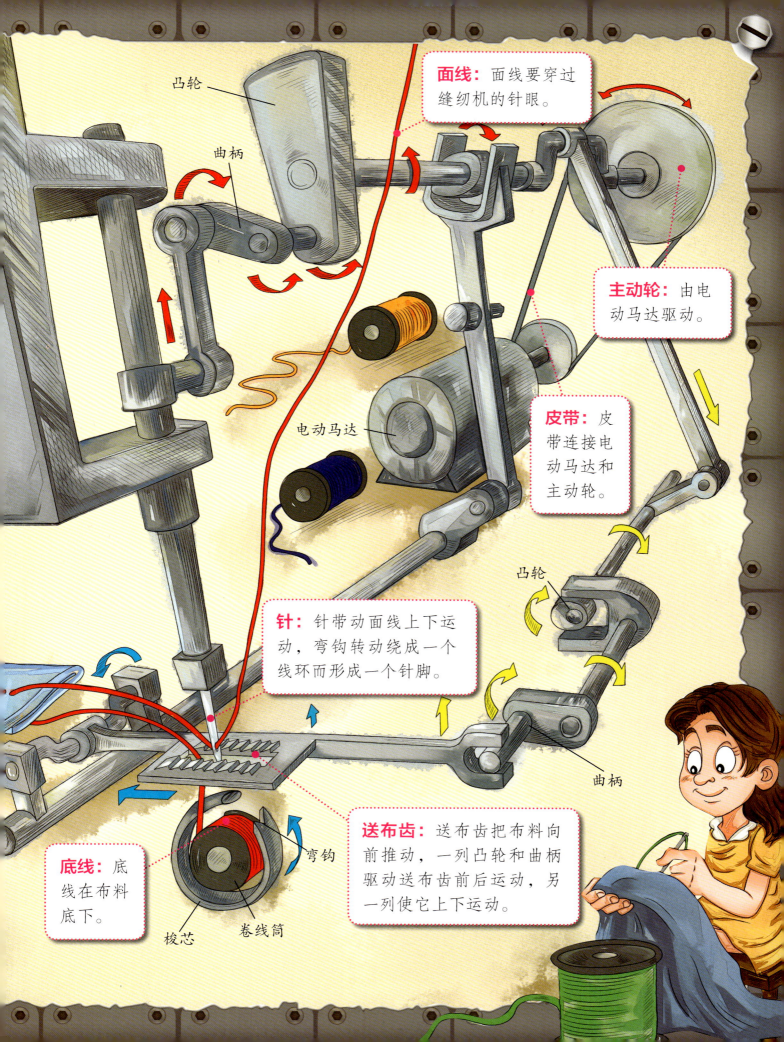

汽车悬挂系统

汽车在经过起伏的路面时，我们坐在车里却没有感觉到颠簸得很厉害，这是因为汽车里有一套悬挂系统。悬挂系统可以保护汽车免受损坏，为我们提供更加舒适的乘车环境。

悬挂系统是汽车的车架与车桥或车轮之间一切传力连接装置的总称。

悬挂系统的作用是传递作用在车轮和车架之间的力，并且缓冲由不平路面传给车架或车身的冲击力。

汽车的每个车轮上都有支撑的**弹簧**，这些弹簧可以减少车身颠簸。

主动悬挂系统

主动悬挂系统是由电脑控制的一种最新型悬挂系统。它应用了力学和电子学里的复杂技术。例如国外的新型汽车，它的主动悬挂系统系统中枢是由微电脑控制，悬挂系统上的5种传感器分别向微电脑传送车速、车身垂直方向、转向盘角度及转向速度等重要数据。

汽车在凹凸不平的道路上行驶时，悬挂系统里的弹簧时而压缩，时而恢复原状，这样可以把存储的能量平缓地释放出来，减缓颠簸。

同时汽车内部的座椅里面也有**弹簧和海绵**，它们让乘坐的人感到更加舒适。

汽车的悬挂系统里不但有弹簧，还有一个重要装置就是减震器。减震器能控制弹簧的强烈反弹，减少弹簧对车辆的影响。

汽车减震器

汽车的安全性和舒适性都离不开一个重要的结构——汽车减震器。只要汽车开动，减震器就一直在起着作用。当汽车通过颠簸路面时，减震器让乘客减缓了因路面不平带来的冲击。

汽车的减震器固定在轮轴与车体之间，就像是一个充满油的活塞，弹簧压缩或拉伸时，活塞内的活塞杆上下运动。

由于活塞内部充满黏黏的油，**活塞杆**的运动被减缓了，从而阻止了弹簧过度反弹引起的汽车剧烈震颤。

弹簧缠绕在减震器活塞周围。当车轮压在凸起的地面上时，弹簧压缩，活塞杆向上移动。

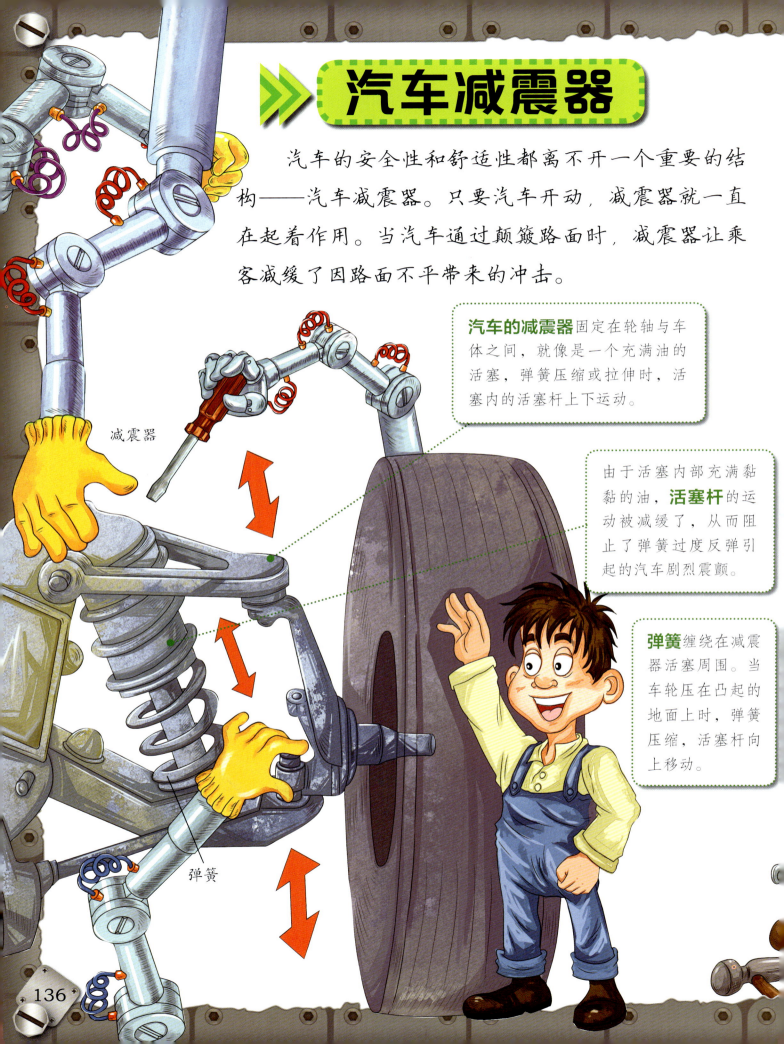

减震器

弹簧

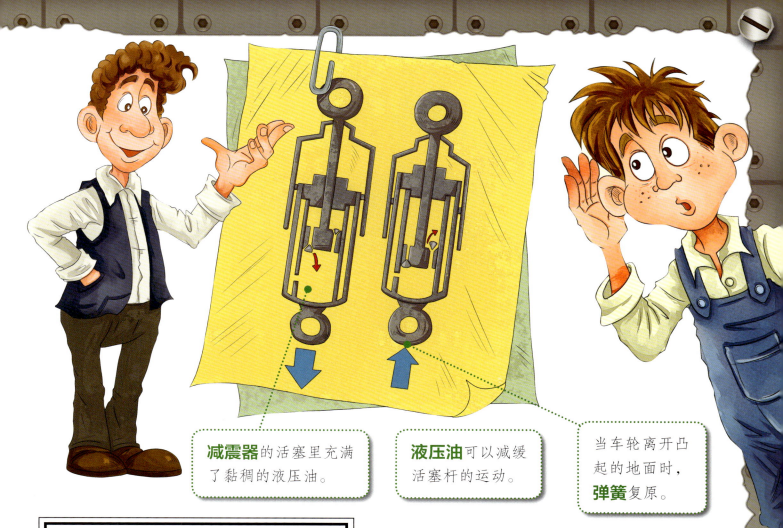

减震器的活塞里充满了黏稠的液压油。

液压油可以减缓活塞杆的运动。

当车轮离开凸起的地面时，**弹簧**复原。

弹簧

在机械结构中，弹簧主要有三种用途：第一种是简单的使物体恢复到原来的位置，例如安装在门上的弹簧；第二种用途与弹簧受力后的形状改变有关，如果弹簧受到的拉力越大，那么它就会伸展得越长，例如弹簧秤；第三种用途是拉长或压缩弹簧时必须消耗一定的能量才能使它恢复，例如发条钟。

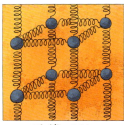

弹簧压缩

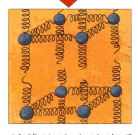

弹簧收缩存储能量

联合收割机

收获的季节，联合收割机能帮助农民们收割麦子并将麦穗脱粒，这也是联合收割机得名的由来。若用它收割一块麦田，一次作业就能把麦田收割完毕并清理干净。

传送带： 被切下的麦秆沿着传送带上升并收集在一起。麦穗从麦秆上分离。

拨禾轮： 把小麦压住，朝向切割刀，锋利的切割刀立刻就能把小麦的麦秆割断。

世界上最大的**联合收割机**收割宽度有10多米呢！

隧道挖掘机

我们的城市在建造地铁时会用到一个巨大的机械——隧道挖掘机。隧道挖掘机可以通过土壤和软质岩石，挖掘出深深的隧道。巨大的切割头上面有很多负责切削的刀片，当隧道挖掘机向前推进时，它后面的盾构机会填入水泥套筒加固防止坍塌。切割头旋转挖出的废土会由螺旋钻输送出去。

隧道挖掘机像个大圆柱体。它不但能对刚挖的隧洞起到很好的支撑作用，还能承受地下水的压力。

切削刀片

切割头：位于前端的圆形切割头，可以凿穿岩石和泥土。

截煤机

深深的地下矿层中，截煤机的锋利刀头不停旋转，切削着煤炭矿层的内壁，同时截煤机还可以把挖削下来的煤收集起来，通过配套的输送机输送出去。截煤机不仅可以开采煤矿，还可以开采黄金等矿藏。

滚筒 由螺旋钻头、端盘、齿座、喷嘴等结构组成。

为了输送机运煤，滚筒的 **旋转方向** 必须与滚筒的螺旋线方向一致。

滚筒式截煤机适于在煤层厚度变化小、地质构造简单的煤矿层中开采。它的截割部分包括切割结构和减速器；牵引部分包括链轮、牵引链及其拉紧装置；动力部分包括电动机和电气控制箱。

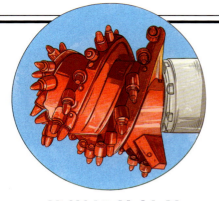

截煤机的钻头

钻头可以将坚硬的岩石钻出一个大洞。工人们通常用它来开采煤矿或者挖掘隧道。钻头安装在一个大机器上，在这个大机器里还有另外一个螺钉结构，它可以将石头或煤炭推上传送带，然后传输到矿井外面。

对逆时针旋转的滚筒，**叶片**应为左旋；顺时针旋转的滚筒，叶片应为右旋，即符合"左转左旋，右转右旋"的规律。

螺旋滚筒采煤机上安装有螺旋式的截煤滚筒，即螺旋截煤滚筒。

树屋游乐场

看！这个树屋游乐场包含和应用了许多机械原理！让我们仔细观察树屋游乐场里的各种装置吧！数一数其中应用了多少简单机械呢？

矮树小屋的动力装置

跳上跷跷板

轱辘转啊转